SAMMLUNG GÖSCHEN BAND 31/31a

SPEZIELLE MINERALOGIE

Elfte, erweiterte Auflage der „Mineralogie“

von

PROF. DR. BRAUNS †

bearbeitet von

DR. KARL F. CHUDOBA
ord. Professor der Mineralogie und Petrographie der Universität Bonn

Mit 127 Textfiguren und 6 Tabellen

WALTER DE GRUYTER & CO.
vormals G. J. Göschen'sche Verlagshandlung · J. Guttentag, Verlagsbuchhandlung · Georg Reimer · Karl J. Trübner · Veit & Comp.
BERLIN 1964

Der Göschenband „Mineralogie“ von Prof. Dr. R. Brauns erschien erstmalig 1893.

Seit der 8. Auflage, 1943, wird die Darstellung von Prof. Dr. Karl F. Chudoba bearbeitet.

1955 erfolgte als 9. Auflage eine Teilung des Stoffes in zwei Bände:

Allgemeine Mineralogie (Sammlung Göschen Band 29) und
Spezielle Mineralogie (Sammlung Göschen Band 31).

Mit der 11. Auflage erschien die Allgemeine Mineralogie, mit der 10. Auflage die Spezielle Mineralogie als Doppelband (29/29a bzw. 31/31a).

Satz und Druck: Walter de Gruyter & Co., Berlin 30.
Printed in Germany.

Inhaltsverzeichnis

Einleitung

Spezielle Mineralogie

Abkürzungen

D. = Dichte
griech. = griechisch
hex'okt. = hexakisoktaedrisch
hex'tetr. = hexakistetraedrisch
kub. = kubisch
lat. = lateinisch
u. d. M. = unter dem Mikroskop
v. d. L. = vor dem Lötrohr

Literatur

1. Lehr- und Handbücher

Betechtin, A. G.: Lehrbuch der speziellen Mineralogie. 2. Aufl. 1957.
Correns, C. W.: Einführung in die Mineralogie (Kristallographie und Petrologie). 1949.
Dana's System of Mineralogy. 7. Aufl.
Dana's Manual of Mineralogy. 17. Aufl. 1959.
Eskola, P.: Kristalle und Gesteine. 1946.
Hiller, J. E.: Die mineralischen Rohstoffe. 1962.
Hintze, C.: Handbuch der Mineralogie. 1897—1959.
Machatschki, F.: Spezielle Mineralogie auf geochemischer Grundlage. 1953.
Parker, R. L.: Die Mineralfunde der Schweizer Alpen. 1954.
Ramdohr, P. — Strunz, H.: Klockmanns Lehrbuch der Mineralogie. 15. Aufl. 1964.
Schmidt, W. † — *Baier, E.:* Lehrbuch der Mineralogie. 2. Aufl. 1955.
Strunz, H.: Mineralogische Tabellen. 4. Aufl. 1963.

2. Edelsteine

Anderson, B. W.: Praktische Edelsteinprüfung. 1955.
Chudoba, K. F. — Gübelin, E. J.: Schmuck- und edelsteinkundliches Taschenbuch. 2. Aufl. 1964.
Chudoba, K. F. — Gübelin, E. J.: Echt oder synthetisch? 1956.
Eppler, W. Fr.: Edelsteine und Schmucksteine. 1934.
Fischer, W.: Praktische Edelsteinkunde. 2. Aufl. 1954.
Schloßmacher, K.: Edelsteine und Perlen. 3. Aufl. 1962.

3. Erze

Ramdohr, P.: Die Erzmineralien und ihre Verwachsungen. 3. Aufl. 1960.
Schneiderhöhn, H.: Erzlagerstätten. 4. Aufl. 1962.
Schneiderhöhn, H.: Die Erzlagerstätten der Erde: I. Die Erzlagerstätten der Frühkristallisation, 1958. II. Die Pegmatite, 1961.

4. Tonmineralien

Grim, R. E.: Clay Mineralogy. 1953.
Jasmund, K.: Die silicatischen Tonminerale. 2. Aufl. 1955.

5. Hilfsbücher zum Bestimmen von Mineralien.

v. Philipsborn, H.: Tafeln zum Bestimmen der Minerale nach äußeren Kennzeichen. 1953.
Schüller, A.: Die Eigenschaften der Minerale. I. Teil: Die äußeren Kennzeichen insbesondere der erz- und gesteinsbildenden Minerale, 4. Aufl. 1957. II. Teil: Die Eigenschaften der Minerale, 1954.
Tröger, W. E.: Optische Bestimmung der gesteinsbildenden Minerale. 3. Aufl. 1959.

Einleitung

Aufgabe der speziellen Mineralogie. Während die „Allgemeine Mineralogie“[1]) die wichtigsten Grundbegriffe, Erscheinungen sowie Gesetzmäßigkeiten und Beziehungen dargelegt, die für alle oder für eine größere Zahl von Mineralien Gültigkeit haben, werden in der speziellen Mineralogie die unterschiedenen einzelnen Mineralien beschrieben und gekennzeichnet.

Dieser Teil der Mineralogie hat demnach die Aufgabe, die verschiedenen Mineralien unserer Erdrinde durch Hervorhebung und Wiedergabe ihrer wesentlichen und bestimmenden morphologischen, physikalischen, chemischen und strukturellen Eigenschaften zu charakterisieren, sowie Angaben über ihre Bildung, ihr Vorkommen und ihre praktische Verwendung zu vermitteln. Selbstverständlich kann im vorliegenden Bändchen nur eine kleine Auswahl von Mineralien zur Kennzeichnung gelangen, wobei die Art der Besprechung ebenso wie der Inhalt durch den Umfang des zur Verfügung stehenden Raumes bestimmt bleiben. Aus diesem Grunde wird die Beschreibung auf die wichtigsten nutzbaren Mineralien beschränkt, die entweder als Erze oder Rohstoffe, als Edelsteine oder Salze, als gesteinsbildende Mineralien oder wirtschaftlich wertvolle mineralische Produkte der Verwitterung, der Tone usw. eine Rolle spielen.

Systematik. Eine beschreibende Kennzeichnung der Mineralien im Rahmen der „Speziellen Mineralogie“ müßte zweckmäßigerweise nach einem genetischen Einteilungsprinzip erfolgen. Leider erschließen die vielseitigen Entstehungsmöglichkeiten und wechselseitigen Abhängigkeiten der Mineralien in ihrer Bildungsfolge keine praktisch verwendbare

---

[1]) Bd. 29/29a dieser Sammlung.

genetische Klassifikationsgrundlage, weil mit ihr nicht die Mineralien, sondern die Prozesse, unter welchen sich diese bilden, systematisiert erscheinen würden.

Deshalb fußt die Systematik der speziellen Mineralogie am häufigsten auf der chemischen Zusammensetzung der Mineralien. Es hat jedoch nicht an Versuchen gefehlt, auch andere Gesichtspunkte für eine übersichtliche Ordnung der Mineralien anzuwenden. So hat man nach morphologischen Gesetzmäßigkeiten und verwandtschaftlichen Verhältnissen klassifiziert, weil auf diese Weise ein tiefer Einblick in die Wechselbeziehungen zwischen innerem Aufbau (Struktur) und äußerer Morphologie der Mineralien vermittelt werden kann. Aber auch paragenetische und geochemische Zusammenhänge sind zur Grundlage der Zusammengehörigkeit einzelner Mineralien genommen worden, während eine neue und nun allgemein anerkannte Systematik die Mineralien nach kristallchemischen Erkenntnissen und Gesetzmäßigkeiten ordnet; hierbei werden die Ergebnisse der Röntgenstrukturanalysen weitgehendst mitberücksichtigt. Dieser Zusammenhang zwischen Chemismus und Struktur findet in den „Formel-Typen" seinen Ausdruck, aber auch in den ermittelten „Typen chemischer Bindungen", die als grundlegendes Klassifikationsmerkmal Verwendung haben. Ein geochemisch-kristallchemisches Prinzip für eine allgemeine Systematisierung der Mineralien hat in neuester Zeit *Ivan Kostov* (1961) vorgeschlagen.

Die spezielle Mineralogie dieses Bändchens hat das chemische System als Einteilungsprinzip, weil die „kristallchemische" Klassifikation in erster Linie die genaue Kenntnis der einzelnen Gittertypen der Mineralien zwangsläufig voraussetzt. Die Vorzüge der rein chemischen Anordnung liegen in der leichten und konsequent-straffen Gliederungsmöglichkeit. Hierbei werden Mineralien, die eine Säure enthalten (die also Salze sind), nach dieser und nicht nach dem Metall, das mit der Säure verbunden ist, zusammengefaßt. Die Mineralien, die auf diese Weise zusammengehören, bilden eine Klasse; innerhalb dieser werden sie nach ihrer engeren kristallchemischen Verwandtschaft in Gruppen geordnet. Eine allgemeine Übersicht dieser Klassifikation gibt vorteilhaft das Inhaltsverzeichnis.

Die Mineralnamen. Für die Benennung der einzelnen Mineralien besteht keine Vorschrift; sie ist für altbekannte Mineralien — die meist mehrere synonyme (sinnverwandte) Namen führen — überliefert, für neue meist ganz willkürlich. Nicht selten erfolgt die Namengebung nach dem Fundort oder zu-Ehren bestimmter Persönlichkeiten, aber auch nach der chemischen Zusammensetzung. Sehr häufig ist bei Mineralnamen die Endsilbe -it oder -lith (von lithos = Stein) anzutreffen.

Durch die immer gründlicheren und methodisch verbesserten Untersuchungen der uns zugänglichen festen Erdrinde werden alljährlich etwa 160—180 neue Mineralnamen in Vorschlag gebracht; von diesen behält meist nur die Hälfte ihre Gültigkeit. Viele neue Mineralien erweisen sich nachträglich als identisch mit bereits bekannten oder als zu unvollständig beschrieben; zahlreiche Mineralnamen werden, weil sie überflüssig sind, gestrichen.

Insgesamt gibt es z. Z. etwa 6800 Mineralnamen; im vorliegenden Büchlein werden rund 840 (!) angeführt und gebraucht.

Anordnung. Im speziellen Teil zeigt die Beschreibung der einzelnen Mineralien keine streng gegliederte Anordnung. Stets kommen nur die wesentlichen und charakteristischen Eigenschaften zur Betonung.

Bei den chemischen Formeln wird die Schreibweise nach *H. Strunz* (Mineralogische Tabellen) angewandt; sie erfolgt für komplexe Mineralien (Karbonate, Sulfate, Phosphate,

Silikate) derart, daß innerhalb einer eckigen Klammer die komplexfremden Anionen — durch einen Vertikalstrich getrennt — vor den Komplex-Ionen (CO_3, SO_3, PO_4, SiO_4) stehen, während die Kationen in der Reihenfolge der abnehmenden Ionenradien vor der eckigen Klammer zur Anführung gelangen, z. B. $Ca_2Al_3[OH|(SiO_4)_3]$. Manchmal kommen aber ihrer Einfachheit wegen noch die alten chemischen Oxidbezeichnungen zur Anwendung.

Die Kristallform und die Struktur werden durch gelegentliche Zeichnungen und Abbildungen erläutert, die Bildungsart und die wichtigsten Vorkommen, vor allem die des deutschen und europäischen Lebensraumes, hervorgehoben*). Verschiedene Fundortangaben für Mineralien haben nur noch eine historische Bedeutung, d. h. manche Vorkommen sind nach dem Abbau ihrer mineralischen Rohstoffe erschöpft und damit aufgelassen; gelegentlich verweisen dann nur noch die alten Halden auf die früher dort abgebauten Bodenschätze und Mineralien. Die Mineralstufen der ehemaligen Fundstellen finden sich aber als wertvolle Belege in den verschiedenartigsten Sammlungen der Institute, Museen und Mineralienfreunde, so daß die Angabe der oft berühmt gewesenen Mineralfundpunkte auch jetzt noch als zweckmäßig erscheint. Die jeweils praktische Bedeutung einer Mineralart für Technik und Wirtschaft kommt im Rahmen ihrer Besprechung meist kurz zur Darlegung.

---

*) Dankbar vermerkt seien die persönlichen Mitteilungen und Hinweise zur Vervollständigung der Mineral-Vorkommen und -Lagerstätten
in *Polen:* durch Frau Prof. Dr. Maria Turnau-Morawska (Warszawa),
in *Jugoslawien:* durch Herrn Dr. W. Lieber (Heidelberg),
in *Österreich:* durch Herrn Prof. Dr. H. Meixner (Hüttenberg),
in *Portugal:* durch Herrn Prof. Dr. J. M. Correia Neves (Coimbra),
in *Rumänien:* durch Herrn Dr. R. Dimitrescu (Bucureşti) und
in der *Tschechoslowakei:* durch Herrn F. Čech (Praha).

Spezielle Mineralogie

I. Klasse: Elemente

Natürlich vorkommende, bei gewöhnlicher Temperatur feste oder flüssige chemische Grundstoffe sowie deren homogene Mischungen (Legierungen).

In gediegenem Zustand treten in der Erdrinde über 30 chemische Elemente auf, in erster Linie Metalle, dann Gase; flüssig ist Quecksilber.

A. Reguläre, geschmeidige Metalle

Gold, Au, meist kleine, undeutliche kubische Kristalle, wie Würfel, Oktaeder und Rhombendodekaeder allein oder in Kombination; seltener auch andere Flächenformen. Weitaus häufiger in blech-, baum- und drahtförmigen Gruppen oder unregelmäßigen Körnern, Blättchen und Schüppchen. Zwillinge nach dem Oktaeder häufig; nach der Zwillingsebene ausgedehnte Platten, blechförmig. Kristallgitter: Flächenzentrierter Würfel (Fig. 1). O_h^5; $a_0 = 4{,}078$ Å. Farbe gelb und um so lichter, je höher der Silbergehalt; silberfreies Gold kommt kaum vor. Silberreiches Gold (bis 30% Ag) heißt auch Elektrum. In dünnen Schichten grün durchscheinend. Metallisch glänzend, oxydiert nicht an der Luft. Weich (H. = 2½—3), sehr geschmeidig, hämmerbar, schwer (D. = 16—19; reines geschmolzenes Gold 19,3). Hakiger Bruch, keine Spaltbarkeit. Hohe Leitfähigkeit für Wärme und Elektrizität. Wird nur von Königswasser gelöst. Reines Au schmilzt bei 1062°C.

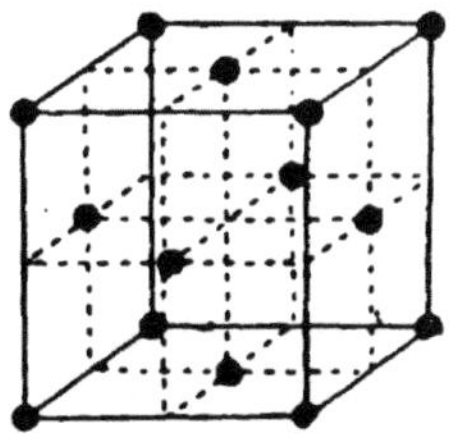

Fig. 1

Gediegenes Gold (Freigold) ist das wichtigste Golderz; goldhaltige Erze mit „unsichtbarem" (gebundenem) Au treten zurück.

Das auf primären Lagerstätten hydrothermal gebildete Berggold ist an Tiefengesteine (alte Goldquarzgänge) oder an vulkanische Gesteine und deren Tuffe (junge Goldquarzgänge) gebunden. Von alten Goldquarzgängen, die in erster Linie Pyrit und Arsenkies als Erzbegleiter haben, sind erwähnenswert: Brandholz im Fichtelgebirge, einst Hohe Tauern: vor allem Goldberggruppe (Tauerngold); Berjosowsk im Ural, der als „Mother Lode" bezeichnete 150 km lange Quarzgang in Californien, die Black Hills in Süd-Dakota, das Porcupine-Gebiet in Canada, Südrhodesien, Kalgoorlie in Australien. Die jungen Golderzgänge kennzeichnen oft Silbermineralien und Telluride (auch Goldtelluride!); als Lagerstätten sind u. a. bekannt: Siebenbürgen [Innenrand des Karpatenbogens mit Brád, Săcărîmb (= Nagyág), Rozia Montană (= Verespatak), Baia de Arieş (= Offenbánya)]; Slowakei (Kremnica = Kremnitz, Báňská Štiavnica = Schemnitz, u. a.), Cripple Creek in Colorado am Ostabhang der Rocky Mts., Comstock Lode im Osten der Sierra Nevada, Waihi in Neu-Seeland u. a.

Auf sekundärer Lagerstätte in Form von Blättchen und Körnern (Nuggets) in dem Geschiebe vieler Flüsse (auch Rhein, Eder) oder in ausgedehnten Geröllablagerungen (Goldseifen); aus ihnen wird durch Schwemmen und Waschen (Seifengold, Waschgold) gewonnen. Fein verteiltes Gold wird von den begleitenden Mineralien mit Hilfe von Hg — durch Bildung von Amalgam (Au-Hg-Legierung) — getrennt (vgl. S. 18).

Das meiste Gold kommt aus Seifen, von denen die des Sacramento-Tales in Californien, des Yukonriver in Alaska, des Urals, dann das Aldan- sowie Kolyma-Magadan-Gebiet und Jakutien in Sibirien, einzelne Vorkommen in Australien (Provinz Victoria) usw. Bedeutung haben. Die größte und berühmteste Goldlagerstätte stellt die „fossile Seife" (verkittete präkambrische Konglomerate) des Witwatersrand-

Konglomerates bei Johannesburg in Transvaal (Südafrika) dar (liefert etwa 35% der Weltförderung an Gold).

Meerwasser enthält einen ziemlich konstanten Au-Gehalt von 4.10^{-3} mg pro Tonne.

Die Verwendung von Gold zu Münzen und Schmucksachen (in Legierung von Gold und Kupfer, weil reines Gold zu weich) ist seit ältester Zeit bekannt; der „Feingehalt" (Verhältnis des Au zu Cu in Tausendteilen des Ganzen) von Goldschmuck wird durch eine eingeprägte Zahl (z. B. 0,585) angegeben. Bei der „Karat"-Bezeichnung ist 1 Karat = der 24. Teil des Ganzen; 18 karätiges Gold besteht aus 18 Teilen reinen Goldes und 6 Teilen Legierungsmetall. Sehr viel Gold wird zum Vergolden, zum Malen von Porzellan, in der Photographie und in der Zahnheilkunde verbraucht. Gold in Barren stapeln die großen Notenbanken.

Silber, Ag. Formen wie das Gold, besonders häufig aber draht-, baum- und moosförmige Gruppen. Seltene Kristalle mit Würfel, Oktaeder oder Ikositetraeder meist größer und schärfer als die von Gold. Zwillinge nach dem Oktaeder; meist nach der Zwillingsfläche plattenartig. Kristallgitter: Flächenzentrierter Würfel (vgl. Fig. 1). O_h^5; $a_0 = 4{,}085$ Å. Farbe silberweiß, oft gelblich oder bräunlich (an der Oberfläche durch Bildung von Schwefelsilber angelaufen). Ag ungefähr ebenso hart wie Au, nicht ebenso dehnbar und leichter (D. = 10—12; reines Ag 10,5), hämmerbar. H. = $2\frac{1}{3}$—3. Von allen stärkeren Säuren gelöst. Reines Ag schmilzt bei 960°C. Bruch hakig. Strich metallglänzend, silberweiß. Ag ist bester Wärme- und Elektrizitätsleiter.

In aszendenten Erzgängen im Erzgebirge (Freiberg, Schneeberg, Jáchymov = Joachimsthal), bis vor kurzem bei Kongsberg (gute Kristalle!) in Norwegen, Mte. Narbe auf Sardinien, reichlich im Cobalt-Distrikt in Ontario, Silver Islet am Lake Superior. Durch Reduktion von Sulfiden in der Zementationszone Ag-führender Lagerstätten, z. B. in den Anden beider Amerika, vor allem in Mexiko, dann in Neusüdwales, im Erzdistrikt von Příbram u. Jáchymov (Joachimsthal) in Böhmen und in vielen anderen Ländern.

Im Gegensatz zu Gold ist Silber wesentlicher Bestandteil vieler Erze; überwiegend aus diesen — den Silbererzen (Silberglanz, Rotgültigerz u. a.) — gewonnen. Zu den wichtigsten Silbererzen gehört Bleiglanz. Verwendung wie Gold, besonders auch zu Gebrauchsgegenständen aller Art, dann in der chemischen und photochemischen sowie in der Lebensmittelindustrie, für Spiegelbelag usw. Feingehalt von 800 an.

Kupfer, Cu, kristallisiert wie Gold und Silber kubisch-hex'oktaedrisch, besonders häufig in ästigen Aggregaten. Zwillinge meist nach der Oktaederfläche plattig. Kristallgitter: Flächenzentrierter Würfel (vgl. Fig. 1). O_h^5; a_0 = 3,615 Å. Farbe kupferrot, wenn frisch, sonst leicht durch Anlauffarben verdeckt. Härte und Dehnbarkeit ungefähr wie Silber, spez. Gew. geringer (8,5—9, gegossen 8,83). Schmelzpunkt 1083°C. Bruch hakig. In Säuren leicht löslich.

Hauptvorkommen durch Oxydation sulfidischer Erze, besonders von Kupferglanz, an der Grenze von Zementations- und Oxydationszone, z. B. bei Rheinbreitbach am Rhein und Reichenbach am Odenwald, im Siegenschen (schöne verzerrte Kristalle auf Grube Käusersteimel), bei Nandráž u. Smolník (Slowakei), im Banat, bei Bisbee in Arizona, in Südwestafrika, Chuquicamata (Antofagasta) in Chile. Als hydrothermale Bildung in Melaphyrdecken und Breccien von Quarzporphyren des Präkambriums an der Küste des Lake Superior im Staate Michigan (USA), zusammen mit Silber- und Zeolithmineralien (Lake-Kupfer).

In Deutschland gewonnenes Kupfer stammt aus Kupfererzen, besonders aus dem Kupferschiefer (einer Ablagerung des unteren Zechsteins, die Buntmetallsulfide in fein verteilter Form in Mergel, Letten oder Tonschiefer enthält), auf den bei Mansfeld in der Provinz Sachsen seit alten Zeiten Bergbau betrieben wird; von 1948—1956 wurde ein Kupferschieferflöz vom Kupfererzbergwerk in Sontra bei Bebra abgebaut.

Kupfer wird zu Münzen und Gerätschaften, als Draht zu elektrischen Leitungen (Leitfähigkeit 99.95, Silber 100), zu vielen Legierungen, namentlich Messing (Kupfer mit Zink) und Bronze (Kupfer und Zinn) benutzt. Als Kupfersulfat wichtig zur Schädlingsbekämpfung.

Blei, Pb, als Mineral selten. Kubisch-hex'oktaedrisch. Flächenzentrierter Würfel (vgl. Fig. 1). O_h^5; $a_0 = 4{,}949$ Å. Kristalle und Bleche z. B. aus Eisenerzlagern Schwedens.

Platin (span. platinja = silberähnlich), Pt, in Körnern und Klümpchen (Nuggets), sehr selten in kubischen Kristallen, metallglänzend, stahlgrau und sehr dehnbar. Flächenzentriertes Raumgitter (vgl. Fig. 1). O_h^5; $a_0 = 3{,}923$ Å. Härter als Silber (H. = 4—4½) und schwer (D. = 17—19); enthält immer Eisen (4—11%, Eisenplatin > 11%) und kleine Mengen von Iridium, Palladium, Osmium und andere seltene Metalle (daher als Polyxen bezeichnet; griech. poly = viel, xenos = fremd). Reines Platin (D. = 21,5) ist schwerer als das rohe und in der Glühhitze schweißbar wie Eisen. Gegen Säuren widerstandsfähig wie Gold; nur in Königswasser löslich.

Primärmagmatischer Bestandteil in ultrabasischen Gesteinen, vorwiegend in Duniten und anderen Olivin- und Chromit-führenden Plutoniten sowie in den aus diesen entstandenen Serpentingesteinen und deren Seifen. Hauptvorkommen im Ural, primär und in Seifen (z. B. Nischne-Tagilsk); gewinnbare Seifenlagerstätten auf der West- und Ostseite des Urals, in Columbia (Südamerika), in Südalaska, auf Borneo usw. Im Bushveld in Transvaal (Südafrika) an Hortonolithdunite (Hortonolith = eisenreicher Olivin, nach S. R. Horton benannt) und Hyalosideritdunite (mit eisenärmerem Olivin) gebunden, die schlotförmige Körper (Pipes) bilden; Gehalt 10—30 g Pt/t, örtlich auch reicher. Wird auch als Nebenprodukt aus Nickelmagnetkies des Sudburygebietes, Canada, gewonnen.

Wegen seiner Widerstandsfähigkeit gegen chemische Reagenzien und schweren Schmelzbarkeit (1755° C) zu chemischen Gerätschaften verwendet, dann als Katalysator; ferner als Fassung von Brillantschmuck, zu Pyrometern; auf Asbest niedergeschlagen (Platinasbest) in der chemischen Industrie, in der Elektrotechnik, beim Crackprozeß von Erdöl usw.

Iridium, Ir, das teuerste der Platinelemente. Kubisch-hex'oktaedrisch. O_h^5; $a_0 = 3{,}838$ Å. D. = 22,6—22,8, H. = 7. Schmelzpunkt 2350° C. Unlöslich in Königswasser. Auf Platin- und Goldseifen (Nischne-Tagilsk). Wegen seiner Härte zu Spitzen an Goldfedern verwendet.

Palladium, Pd. Kubisch-hex'oktaedrisch. O_h^5; $a_0 = 3{,}890$ Å. H. = 4½—5, D. = 11,3—11,8. Farbe lichtstahlgrau. In Seifen von Transvaal, San Domingo (Antillen), selten im Ural. Als Legierung mit Gold (sog. Weißgold) in der Schmuckindustrie verwendet; auch als „Bijouterie-Palladium" und als „Edelpalladium" eine Rolle spielend.

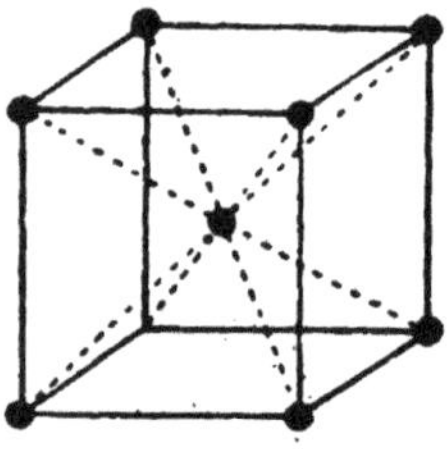

Fig. 2

Eisen, Fe. Bei Zimmertemperatur kubisch-innenzentriert (Fig. 2), sog. α-Eisen ($a_0 = 2{,}866$ Å), ferromagnetisch. Bei 768° C Umwandlung in β-Eisen (nicht ferromagnetisch), strukturell dem α-Eisen gleich ($a_0 = 2{,}90$ Å). Nach Erhitzung auf 906° C kubischflächenzentriertes γ-Eisen mit $a_0 = 3{,}63$ Å (vgl. Fig. 1), bei 1401° C Umwandlung in eine innenzentrierte Form (δ-Eisen) mit $a_0 = 2{,}93$ Å.

Eisen gehört zu den Hauptelementen der Erdrinde; im gediegenen Zustand jedoch selten. Aus Oxyd-Silikatschmelzen mittels Kohlenstoff leicht reduzierbar, so daß schon in vorgeschichtlicher Zeit die Kunst der Eisengewinnung bekannt war (Eisenzeit). Auf der Insel Disko bei Ovifak, Grönland, kamen zentnerschwere Blöcke von irdischem (tellurischem) Eisen in Basalt vor, ebenso über faustgroße Stücke im Basalt von Bühl bei Kassel, dann in der Auvergne und anderen Fundorten. Es ist wahrscheinlich durch Reduktion von Eisenerzen entstanden, als eisenreiche Basalte durch Kohlenflöze gedrungen sind.

Ged. Eisen auch in den aus dem Weltenraum auf die Erde gefallenen sog. Meteoriten, die entweder zum größten Teil aus Eisen bestehen, Meteoreisen, oder Eisen nur in geringer Menge enthalten, Meteorsteine. Meteorisches Eisen ist durch einen

Gehalt an Nickel ausgezeichnet; von verdünnter Salpetersäure wird es um so weniger angegriffen, je nickelreicher es ist. Selten ist Meteoreisen einheitlich und dann nach den Würfelflächen spaltbar (hexaedrisches Eisen); meist ist es nach den Oktaederflächen schalig gebaut (oktaedrisches Eisen). Der Aufbau tritt durch Ätzen einer polierten Fläche in den sog. Widmannstätten-

Fig. 3. Schema des oktaedrischen Aufbaues von Meteoreisen

schen Figuren (Fig. 3) hervor; das nickelärmste Eisen bildet das Balkeneisen (Kamazit); nickelreicheres umsäumt dieses als Bandeisen (Tänit), während eine Mischung beider als Fülleisen (Plessit) die Zwischenräume ausfüllt.

Ein 63,3 kg schweres Meteoreisen ist 1916 bei Marburg gefallen, viele 200—300 kg schwere Blöcke in Südwestafrika gefunden worden. Der größte bisher sicher bekannt gewordene Eisenmeteorit ist der etwa 60 t schwere von Farm Hoba-West (Südwestafrika). Der Meteoreisenregen von Sichote Alin (12. 2. 1947) nordöstlich Wladiwostok, im fernen Osten der UdSSR, erbrachte bisher 23 t Meteoreisen.

Als besondere Verbindungen in Meteoreisen sind ausgeschieden: Schreibersit $(Fe,Ni,Co)_3P$, Cohenit Fe_3C, Siliziumkarbid (Moissanit) SiC-hexagonal (künstlich: Karborund mit Härte 9½), Troilit FeS, Graphit u. a.; in anderen, den sog. Pallaseisen, Olivinkristalle.

Quecksilber, Hg, das einzige bei gewöhnlicher Temperatur flüssige Metall, das bei —38,9° C ditrigonal-skalenoedrisch — D_{3d}^5 — erstarrt. Zinnweiß, stark metallglänzend und ziemlich schwer (D. = 13,6). Siedet bei 350° C. Giftig.

Als Verwitterungsprodukt von Zinnober in Form von kleinen Tröpfchen auf früheren Zinnoberlagerstätten bei Moschellandsberg in der Rheinpfalz, im Abbau bei Idria in

Jugoslawien, Almaden in Spanien, in Toscana (Mte Amiata) in Italien, San José in Californien usw. Gelegentlich auch auf Erzgängen, z. B. Friedrichssegen bei Oberlahnstein, Szlana in Ungarn, Sala in Schweden. Das meiste Quecksilber wird aus Zinnober gewonnen.

Mit Silber bildet Quecksilber natürliches Amalgam, das Kongsbergit (mit $> 40\%$ Ag) und Moschellandsbergit (mit $\sim 70\%$ Hg) umschließt; beide metallglänzend, silberweiß und kubisch. Goldamalgam (mit etwa 40% Au) auf Pt-Seifen Columbiens und in Californien.

Verwendet zur Herstellung von Thermometern und Barometern, von Spiegelbelag, künstlichem Zinnober, in der Medizin (Sublimat), zur Unkrautbekämpfung, in der Chlorfabrikation, zum Verfilzen von Filzen, zu Schiffanstrichfarben usw. Da sich Hg leicht mit Au zu Amalgan verbindet, d. h. Gold auflöst, wird es (neben Zyankalium) benutzt, um fein verteiltes Gold von den begleitenden Mineralien zu trennen (vgl. S. 12).

B. Rhomboedrische, spröde Metalle

umschließen die „Metalloide" (Halbmetalle) Arsen, Antimon und Wismut. Hauptrhomboeder der ditrigonal-skalenoedrischen Kristalle würfelähnlich. Raumgruppe D_{3d}^5.

	As	Sb	Bi
a_{rh}	5,61 Å	6,21 Å	6,57 Å
α_{rh}	85°38′	86°58′	87°34′

Arsen, As. Kristalle sehr selten, würfelähnlich oder nadelig, meist feinkörnig, knollig oder dicht und in der Regel krummschalig mit nierenförmiger Oberfläche (Scherbenkobalt, besonders wenn die einzelnen dünnen Schalen sich voneinander abheben lassen). Auf frischem Bruch ist Arsen hellbleigrau und metallglänzend, läuft aber schnell dunkel an und wird matt sowie schwarz. Giftig. Spröde. H. = 3—4, D. um 5,7. Nach (0001) vollkommen, nach (01$\bar{1}$2) unvollkommen spaltbar. V. d. L. flüchtig (bei etwa 360° C), ohne zu schmelzen; entwickelt dabei Knoblauchgeruch und auf Kohle einen weißen Beschlag von As_2O_3. Auch bei scharfem Hammerschlag wahrnehmbarer Knoblauchgeruch.

Arsen wurde als hydrothermales Produkt untergeordnet auf Erzgängen im Harz (St. Andreasberg), Erzgebirge (Schneeberg, Freiberg, Johann-Georgenstadt usw.), bei Příbram u. Jáchymov

(Joachimsthal) in Böhmen, im Schwarzwald (Wittichen), in den Vogesen (Markirch), Kongsberg (Schweden) beobachtet, doch hatten die Vorkommen keine praktische Bedeutung für die As-Gewinnung; gute Kristalle von Sterling Hill, New Jersey. Umwandlung in Arsenolith, As_2O_3.

Arsen wird als Zusatz bei der Schrotfabrikation, als Legierungsmetall, in der Medizin, als As_2O_3 und in Form von Arseniaten zur Insektenbekämpfung benutzt. Das meiste Arsenik (As_2O_3) wird aus Arsenkies (S. 32) und Löllingit (S. 33) (Reichenstein in Schlesien, Boliden in Schweden) dargestellt.

Antimon, Sb, meist derb und eingesprengt, körnig, blättrig; zinnweiß, metallglänzend, spröde. H. = 3—3½, D. = 6,6—6,7. V. d. L. leicht schmelzbar (bei 629° C), flüchtig mit weißem Rauch und weißem Beschlag auf der Kohle. Gediegenes Antimon ist selten, das meiste wird aus der Schwefelverbindung, dem Antimonglanz, dargestellt.

Vorkommen auf Erzgängen, z. B. St. Andreasberg (Harz), Přibram und Milešov (Mileschau) in Böhmen, Waldenstein (Kärnten), Allemont und Sala (Schweden), bei Coïmbra (Portugal) und an anderen Fundorten.

Antimon wird hauptsächlich zu Legierungen (Letternmetall), als Lagermetall, Zusatz zu Akkumulatorenblei und Lötzinn, zu Gummi und Emaille, aber auch als Imprägnationsmittel gegen Brand und Fäulnis verwendet.

Wismut, Bi, selten Kristalle; vorwiegend in Form von eckigen Körnern und federförmigen Aggregaten, gestrickten und baumförmigen Blechen oder derb. Rötlich-silberweiß, metallglänzend, nur wenig spröd. H. = 2—2½, D. = 9,7—9,8. Nach (0001) vollkommen spaltbar. V. d. L. leicht schmelzbar (bei etwa 280° C), vollständig flüchtig; heiß ein orangegelber, kalt zitronengelber Beschlag auf Kohle.

Bildungsbereich schon pegmatitisch-pneumatolytisch, z. B. in Zinnerzgängen von Altenberg und Zinnwald im Erzgebirge, vorwiegend jedoch hydrothermal, wie im Erzgebirge (Schneeberg u. a.), im Schwarzwald (Wittichen), im Erzdistrikt von Jáchymov (Joachimsthal) in Böhmen, besonders reichlich in Bolivien (Tasna, Oruro) usw. Das meiste Wismut liefern die wismutreichen Kupfererze von Peru (Cerro de Pasco, Oroya-Hütte) und Australien.

Wismut wird u. a. zur Herstellung von leichtflüssigen Legierungen verwendet; eine von diesen, die Woodsche Legierung, enthält 50% Bi, 25%Pb, 12½% Sb, 12½% Cd. und schmilzt schon bei 60,5° C. Wismutpräparate finden in der Medizin vielseitige Anwendung. Durch Neutronenbeschuß von nat. Wismut in Kernreaktoren läßt sich das Element Polonium in größeren Mengen darstellen.

C. Nichtmetalle

Schwefel, S, kristallisiert in rhombisch-bipyramidaler (D_{2h}^{24}) und monoklin-prismatischer (C_{2h}^{5}) Klasse; der monokline Schwefel (β-Schwefel) entsteht unter atmosphärischem Druck oberhalb + 95,6° C, z. B. in Vulkankratern, der sich aber in den rhombischen (α-Schwefel) umbildet.

Der rhombische Schwefel ist die bei niedriger Temperatur allein beständige Form. Oft in schönen, aufgewachsenen Kristallen, an denen eine Bipyramide vorherrscht. Eine häufige Kombination in Fig. 4 (Bipyramide mit einer stumpferen Bipyramide, Basis und einem Längsprisma); Flächenausbildung auch hemiedrisch (sphenoidisch!) und verzerrt. Zwillinge selten. Häufig körnig, nierig, stalaktitisch, derb, erdig, mehlig, als Anflug. Gitter äußerst verwickelt (128 Atome in 16 ringförmigen Gruppen, die Molekülen entsprechen). Kristalle gelb (schwefelgelb); derbe Massen durch fremde Beimengungen auch braun; durchsichtig bis undurchsichtig. Lichtbrechung hoch. Positive Doppelbrechung stark, direkt beobachtbar. H. < 2, D. $= 2{,}0$—$2{,}1$. Spaltbarkeit unvollkommen nach (110), (001) und (111). Spröde; Kristalle zerspringen schon in der warmen Hand. Leicht schmelzbar (113° C); an der Luft unter Entwicklung eines stechend riechenden Gases (SO_2) mit bläulicher Flamme verbrennbar. In Schwefelkohlenstoff leicht löslich. Sehr schlechter Wärme- und Elektrizitätsleiter; beim Reiben negativ elektrisch. Aus einer Lösung rhombisch, aus der Schmelze monoklin kristallisierend.

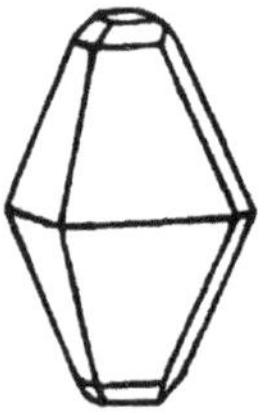

Fig. 4

Schwefel findet sich sedimentär durch Reduktion von Sulfaten mittels organischer Substanz (biochemische Fällung durch Anaerobakterien, durch die sich H_2S bildet); besonders reichlich mit Gips und Cölestin in tertiären Schichten der Provinzen Girgenti und Caltanisetta auf Sizilien, wo er in unterirdischen Gruben gewonnen und durch Schmelzen von dem mitvorkommenden Gestein getrennt wird; gleicher Bildungsart sind verschiedene Vorkommen der deutschen Zechsteinsalze. Ausgedehnte Lager im Raum Tarnobrzeg (Süd-Polen) und in den Staaten Texas sowie Louisiana. Gewinnung hier durch Einleitung von überhitztem Wasserdampf in die doppelt verrohrten Bohrlöcher, wodurch der Schwefel geschmolzen und so gefördert wird. Geringe Mengen von Schwefel bilden sich durch Sublimation an Vulkanen und aus Schwefelquellen (Aachen). Der von Quellen abgesetzte Schwefel ist meist feinpulverig (Mehlschwefel). Auch Verwitterungsprodukt mancher Sulfide, hauptsächlich von Pyrit.

Schwefel wird zu Zündhölzern, zur Darstellung von Schießpulver und Schwefelsäure, zum Vulkanisieren von Kautschuk, zum Bleichen, zum Ausschwefeln (Schädlingsbekämpfung), Desinfizieren, in der Sulfidzellstoffindustrie usw. benutzt.

Diamant, chemisch reiner Kohlenstoff, C. Kristallisiert kubisch-hex'oktaedrisch, meist in Oktaedern, nicht selten in Würfeln und Rhombendodekaedern; andere Formen zurücktretend. Durch Wiederauflösung charakteristische Rundung der Flächen (Fig. 5), Ätzerscheinungen, Scheinflächen, Streifung der Flächen, Kerbung der Kanten (Fig. 6). Auch verzerrte und unregelmäßig gestaltete Kristalle. Flache, linsenförmig gerundete Kristalle sind Zwillinge nach einer Oktaederfläche (Fig. 7). Die Diamantkristalle sind stets ringsum ausgebildet, also schwebend entstanden. Kristallgitter (Fig. 8) $a_0 = 3{,}566$ Å, O_h^7. Diamant ist das härteste Mineral (H. = 10); leicht zu zerkleinern, da er spröde ist und

Spaltbarkeit nach den Flächen des Oktaeders besitzt. Im Altertum hielt man ihn für unzerstörbar und nannte ihn daher den Unbezwingbaren (adámas). Diamant ist völlig farblos („Steine vom ersten Wasser“), sehr häufig aber

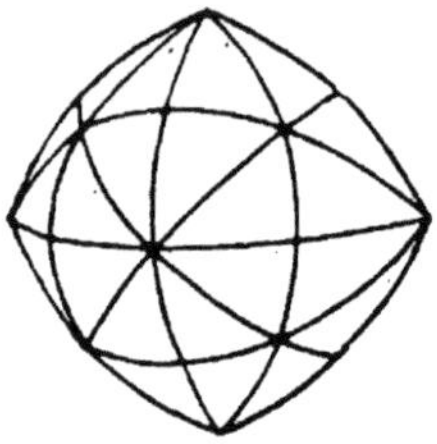

Fig. 5

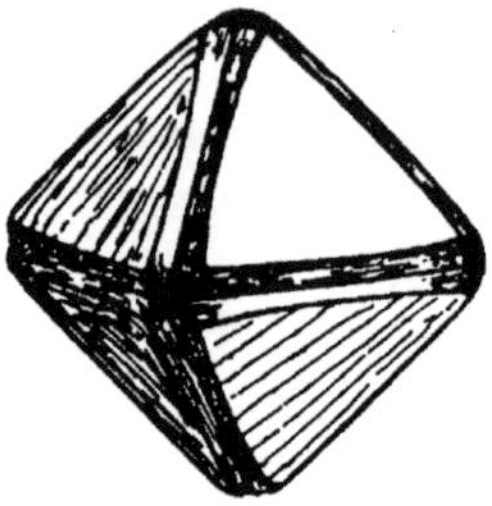

Fig. 6

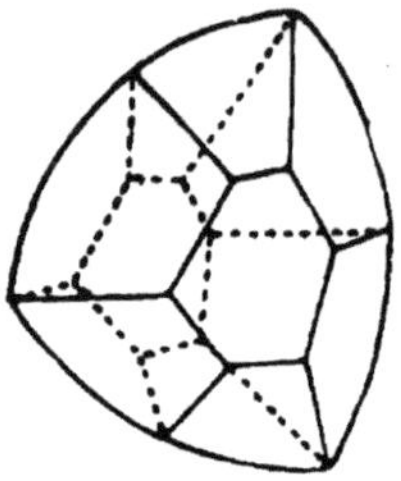

Fig. 7

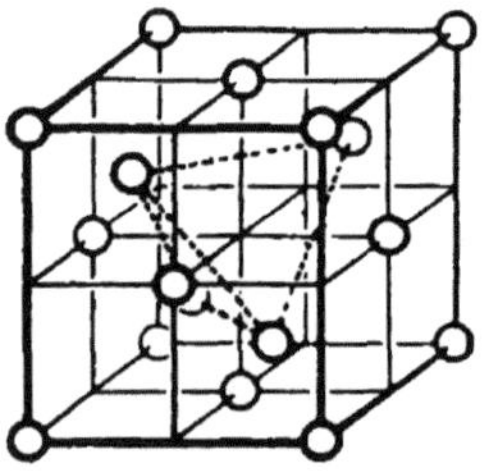

Fig. 8

schwach-gelblich (besonders der vom Kap), grau oder grünlich; reine intensive Farben sind selten. Durch ein kurzes und nicht zu intensives Bombardement mit schnellen Elektronen (Deuteronen, Neutronen, α-Partikelchen) eines Zyklotrons werden praktisch alle Diamanten grün; auch eine Blaufärbung bestimmter Diamanten durch ein Elektronenbombardement wurde erreicht. Diamant ist durchsichtig, oft auch trüb und fast undurchsichtig. Kennzeichnend sind verschiedene Einschlüsse, besonders bei mikroskopischen Untersuchungen. Als „lupenrein“ gilt ein Diamant, wenn er bei Betrachtung mit zehnfach vergrößernder Lupe ohne Fehler vorliegt. — Charakteristisch für Diamant ist die hohe Lichtbrechung und starke Farbenzerstreuung (n = 2,407 für Rot, 2,417 für Gelb, 2,465 für Violett); daher der Glanz und das Feuer der geschliffenen Steine. — Bei genügend hoher Temperatur kann Diamant vollständig verbrannt werden. D. = 3,52.

Der Diamant kommt aus Indien (seit den ältesten Zeiten), Brasilien (seit 1728), Südafrika (seit 1867), Südwestafrika (seit 1908) und Tanganyika (seit 1939); ferner sind das Namaqualand an der Diamantküste, die Kongo-

a b c

Fig. 9. Brillantschliff: a) von oben, b) von unten, c) von der Seite

Republik, Ghana, Guinea, die Elfenbeinküste, Portugiesisch Angola, Sierra Leone, Britisch Guyana, Venezuela u. a. für Diamant bemerkenswert. Neue und ausgedehnte Diamantvorkommen wurden 1955 in der ostsibirischen Sowjetrepublik Jakutien entdeckt. Wirtschaftlich ohne Bedeutung sind die Diamantfunde in den USA. Nur in der Südafrikanischen Union, in Tanganyika sowie im Kongo-Gebiet und in Jakutien (Sibirien) liegt der Diamant in einem durch vulkanische Eruption an die Oberfläche geförderten olivinreichen Eruptivgestein (Kimberlit), das Explosionsschlote (pipes) in tuff- und breccienartiger Form erfüllt. Diesen primären Vorkommen stehen die sekundären in diesen und allen anderen Ländern in Sand oder sonstigen Geröllablagerungen gegenüber. Auch in Meteoreisen konnte Diamant gelegentlich beobachtet werden.

Diamant ist von jeher der geschätzteste Edelstein; er wird am häufigsten in Brillantform (Fig. 9), dann in Rosettenform und anderen Schliffarten geschliffen (Idar-Oberstein, Hanau, Amsterdam, Antwerpen, Tel Aviv). Die Brillanten werden frei — à jour — gefaßt. Durch die Winkel der Facetten und ihre Größenverhältnisse sowie Proportionen erreicht der Brillantschliff das Optimum an Glanz und Feuer. Die Rosetten bekommen oft eine Unterlage (Folie) und sind bei gleichem Gewicht weniger wertvoll als Brillanten. Der Wert wird außer nach Farbe, Reinheit und Schliff nach dem Gewicht bestimmt; als Gewicht dient beim Diamant, wie überhaupt im Edelsteinhandel, das Karat (0,2 g). Einer der größten, auf der Premier-Mine bei Pretoria gefundenen Diamanten, der „Cullinan", wog 3025 Karat = 610 g; aus ihm wurden für den König von England (1908) 105 Steine geschliffen, deren größter 516½ Karat wiegt und den größten geschliffenen Diamant darstellt.

Die trüben Diamanten, die als Diamantbort in den Handel kommen, dienen zum Schneiden von Glas, zum Abdrehen von Maschinenteilen; durchbohrte in der Feindrahtzieherei; gepulverte als Schleifmittel zum Schleifen von Diamant und anderen harten Edelsteinen; scharfe Splitter dienen als Schreibdiamant zum Schreiben auf Glas. Etwa $^3/_4$ des Gewichts der Welt-Diamant-Produktion werden in der Industrie verwendet (Industriediamanten), so auch zum Strahlennachweis in der Kernforschung und als Transistoren in Radiogeräten. Eine feinkörnige, etwa wie Koks aussehende Art, Karbonado genannt, wird an Bohrmaschinen zum Bohren in harten Gesteinen (Tunnel- und Tiefbohrungen) benutzt; sie kommt aus Brasilien, wie die Bortkugel oder Ballas, dichte, oft radialstrahlige Massen bildend.

Die künstliche Darstellung von Diamant ist 1955 der General Electric Comp., Schenectady, New York, gelungen; kristalline Aggregate für Industriezwecke in durchschnittlicher Größe von etwa 0,1 Karat. Synth. Industriediamanten werden u. a. auch von der De Beers Consolidated Mines in Springs bei Johannesburg, S.-Afr., in beträchtlichen Mengen hergestellt, von der Tokyo Stibaura Electric Comp. in Japan. Eine Synthese von Schmuckdiamant ist bislang nicht gelungen.

Graphit, die hexagonale (dihexagonale-dipyramidale) Modifikation des reinen Kohlenstoffs, stellt die bei niedrigen und auch bei recht hohen Drucken stabile (d. h. energieärmste) Zustandsform des C dar. Graphit findet sich meist in derben, blättrigen und schuppigen Massen, selten in sechseckigen Tafeln oder gar Kristallen. Typisches Schichtengitter (Fig. 10). D_{6h}^4. Nach der tafeligen Basis sehr vollkommen spaltbar. Undurchsichtig, metallglänzend, schwarz und sehr weich (H. = 1), färbt daher sehr stark ab (Name! griech. grapho = ich schreibe). D. = 2,25 rein (sonst 2,09—2,30). Sehr schwer zu verbrennen. Guter Leiter der Elektrizität.

Vorwiegend Produkt der Metamorphose kohliger oder bituminöser Ablagerungen in den Alpen (z. B. Kaisersberg, Steiermark), im Apennin, bei Pargas in Finnland (in Marmor) usw. Durch Reduktion von CO_2, das aus Kalksteinen durch magmatische Absorption frei wurde, in der Graphitlagerstätte Aliberowsk in den Tunkinsker Bergen (Zentralasien). Auf pegmatitischen Gängen wahrscheinlich durch Zersetzung von aszendenten Kohlenwasserstoffen entstanden (Ceylon, Indien, Canada). Auch untergeordneter Gemengteil von Eruptivgesteinen (im Gabbro von Harzburg) und Meteoriten. In Deutschland ist von den verschiedenen Graphitvorkommen (Tirschenreuth, Bodenmais, Pfaffenreuth, Groß- und Klein-Klenau u. a.) nur das bei Kropfmühl in der Nähe von Passau von wirtschaftlicher Bedeutung; der Graphit tritt hier flözartig in einem von Gängen verschiedener Eruptivgesteine durchbrochenen glimmerreichen Gneis auf. Ähnliche Vorkommen bei Krumau (Český Krumlov), Schwarzbach (Černá) bei Budweis (Budějovice) in Böhmen (Tschechoslowakei).

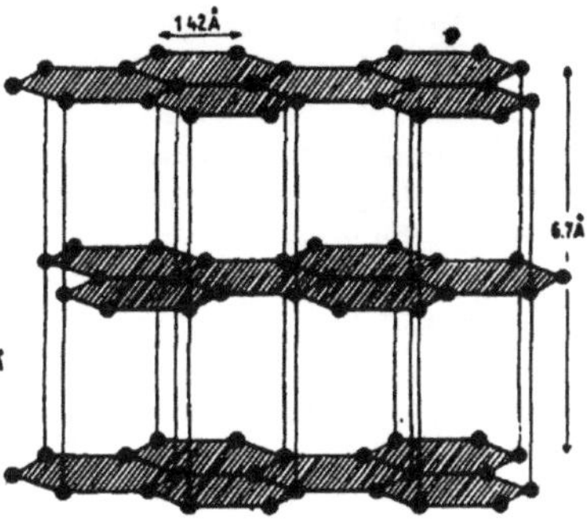

Fig. 10. Graphitgitter

Der blättrige Graphit (Flinz) wird zu Schmelztiegeln und als Schmiermittel verwendet, der amorphe (bzw. erdige) zur Fertigung von Bleistiften, Elektroden, Schleifbürsten, Kohlenstäben (für Trockenbatterien), als Farb-, Schmier- und Poliermittel, aber auch in der Eisen-, Stahl- und Gießereiindustrie, Elektrographit als Moderator und Reflektor in Atomreaktoren (zur Abbremsung freiwerdender Neutronen). Im Hochofen wird Rohgraphit z. T. als Ersatz für Koks gebraucht.

II. Klasse: Sulfide und Sulfosalze

Zu den Sulfiden zählen die natürlichen Schwefelverbindungen der Metalle (Fe, Ni, Co, Cu, Pb, Ag, Zn usw.) und Metalloide (As, Sb, Bi, Se und Te). Den Sulfiden ähnlich sind in vielen Fällen die entsprechenden Arsenide, Antimonide, Selenide und Telluride; sie werden demnach hier mit einbezogen. Als Sulfosalze gelten Verbindungen von Sulfobasen (Schwefelbasen) (Ag_2S, Cu_2S, PbS) mit Sulfosäuren (Sb_2S_3, As_2S_3, Sb_2S_5, As_2S_5). Viele der Verbindungen bilden miteinander feste Lösungen (oft nur mit beschränkter Mischbarkeit).

Als zweckmäßig erweist sich noch heute die Gliederung der Sulfide und Sulfosalze in Kiese, Glanze, Fahle und Blenden, weil vielfach die deutschen Erznamen mit diesen Einteilungsbezeichnungen eng verknüpft sind.

A. Kiese

Schwefelverbindungen (vor allem mit Fe, Ni und Co), die metallisch, undurchsichtig und von heller Farbe sind, schwärzlichen Strich und meist größere Härte haben, heißen Kiese.

Magnetkies, (Pyrrhotin, vom griech. pyrrhos = feuerfarben), vorwiegend $Fe_{11}S_{12}$ (mit Gitter-Leerstellen für Fe); FeS als „Troilit" nur in Meteoriten. Kristallisiert hexagonal (dihexagonal-dipyramidal); bildet meist derbe, nach einer Richtung spaltbare Massen; Kristalle (sechseckige Tafeln) selten. Gitter ähnlich Rotnickelkies (Fig. 11), D_{6h}^4. Auf frischem Bruch bronzegelb, metallglänzend; läuft schnell tombakbraun an und wird matt. Spröde. Kleine Splitter werden von einem Magneten angezogen (Name!). H. = 4, D. = 4,6. Entwickelt mit Salzsäure Schwefelwasserstoff; leicht schmelzbar.

In basischen Tiefengesteinen, besonders der Norit- und Gabbrofamilie, magmatisch gebildet; durch Entmischung im flüssigen Zustand lokale Anreicherung zu großen Lagerstätten, die dann den Magnetkies durch seinen nie fehlenden Gehalt an Pentlandit (s. u.) zum wichtigsten Nickelerz erheben; solche Lager z. B. auf der Nordostseite des Huronsees bei Sudbury in Canada, die gleichzeitig Platin (S. 15) als Nebenprodukt liefern. Magnetkies bildet sich auch pegmatitisch-pneumatolytisch (in manchen Zinnerzgängen), sowie in pneumatolytischen Verdrängungen verschiedener Art, z. B. bei Tunaberg in Schweden, bei Bodenmais im Böhmerwald. Hydrothermaler Entstehung ist er u. a. in den ältesten Gängen von Freiberg, St. Andreasberg, auf einigen Siegerländer Spatgängen, in Trepča/Jugoslawien. Selten in sedimentären Bildungen in Paragenese mit Eisenspat (Kertschensker Eisenlagerstätte, Halbinsel Krim) und in Phosphoritkonkretionen. Als Einschluß in niederrheinischen Basalten häufig; oft durch Abröstung von Schwefelkies entstanden.

Reiner Magnetkies dient zur Herstellung von Eisenvitriol und Polierrot (Potée); kein Eisenerzmineral, durch Pentlandit-Gehalt gelegentlich ein wichtiges Nickelerz.

Pentlandit (nach J. B. Pentland), auch Eisennickelkies $(Fe, Ni)_9S_8$; Fe:Ni bis 1:1. Meist kleine Körner im derben Magnetkies, dem er sehr ähnlich. Kubisch-hex'oktaedrisch, $O_h^5, a_0 = 10{,}04$ Å. Bronzegelb (etwas heller als Magnetkies). Vollkommene Spaltbarkeit nach dem Oktaeder. D. = 4,6—5. Wichtigstes Nickelerz. In allen liquidmagmatischen Magnetkieslagerstätten (vgl. S. 26) neben Kupferkies vorhanden. Vorherrschendes Vorkommen bei Sudbury in Ontario, Canada, aus einem Noritmagma ausgeschieden. Erwähnenswert sind Petsamo und Nivala in Nordfinnland, Evje und andere Vorkommen in Norwegen, Rožany bei Šluknov (Schluckenau) in Böhmen (Tschechoslowakei), Montsche Tundra auf der Halbinsel Kola, das Bushveldmassiv in Transvaal, in Deutschland Sohland an der obersten Spree, Horbach im Schwarzwald. In der Oxydationszone Umbildung in $NiSO_4 \cdot 7H_2O$ (Morenosit) in Form blaßgrüner Stalaktite und kristalliner Krusten.

Nickel wird zur Herstellung von Spezialinstrumenten, wichtigen Legierungen (Neusilber, Nickelstahl usw.) auch für die Raketen- und Reaktortechnik sowie für den Flugzeugbau (für eine große Düsenmaschine über 1 t Ni), als Münzmetall, zum Vernickeln usw. verwendet.

Millerit, nach Prof. W. H. Miller, NiS, ditrigonal-pyramidal, C_{3v}^5, Kristalle meist dünnsäulig, nadelig, haarförmig (Haarkies!), manchmal radialstrahlige Büschel und Haarfilze. Messinggelb, zuweilen grau oder bunt angelaufen. H. = 3½, D. = 5,3. V. d. L. magnetische Kugel. Nickelperle. Vorwiegend aus anderen Nickelerzen gebildet, daher auf Ni-Lagerstätten und Gängen (z. B. Johann-Georgenstadt); manchmal hydrothermal. Vorkommen u. a. neben Eisenspat im Siegerland und Nassau, dann in Toneisensteingeoden einiger Kohlenflöze, wie bei Saarbrücken, Kladno in Böhmen, sowie auf Rücken (Gängen) im Kupferschiefer (Richelsdorf). Selten derb. Gelegentlich von grüner Nickelblüte (Annabergit) — $Ni_3(AsO_4)_2 \cdot 8H_2O$ — beschlagen.

Rotnickelkies (Nickelin), NiAs. Kristalle dihexagonal-dipyramidal (D_{6h}^4), Struktur (Fig. 11). Meist in derben, hellkupferroten Massen, die oft einen Anflug von apfelgrüner Nickelblüte besitzen. H. = 5½, D. = 7,7—7,8. Spröde. Entwickelt, auf Kohle erhitzt, knoblauchartigen Geruch; gibt in heißer Salpetersäure eine grüne Lösung, aus der sich kleine Kristalle von As_2O_3 abscheiden.

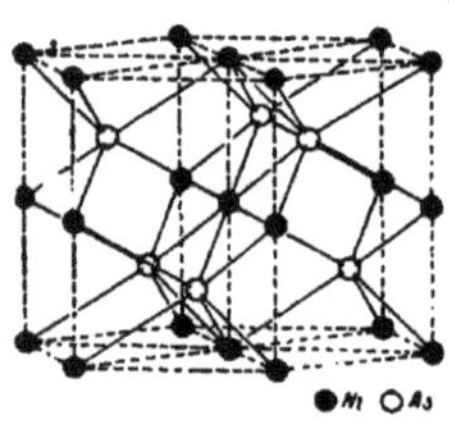

Fig. 11

Als Nickelerz auf hydrothermalen Gängen des böhmisch-sächsischen Erzgebirges (u. a. im Erzgebiet von Jáchymov = Joachimsthal), bei Příbram in Böhmen, bei Wolfach und

Wittichen im badischen Schwarzwald, mit anderen Nickel- und Kobalterzen bei Bieber und Richelsdorf im Mansfelder Kupferschiefer; hervorzuheben sind die bekannten Lagerstätten Cobalt City in Ontario (Canada), sowie die Nickelinfunde auf der Berikulsker Golderzlagerstätte (Westsibirien).

Pyrit (Schwefelkies, Eisenkies), FeS_2, kristallisiert kubisch-disdodekaedrisch (als Markasit, S. 31, rhombisch). In gut

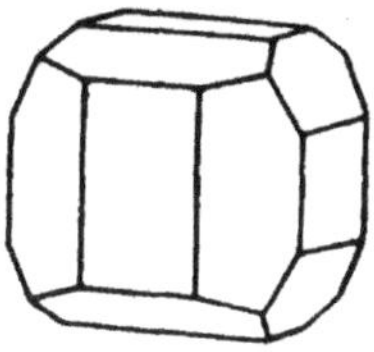

Fig. 12

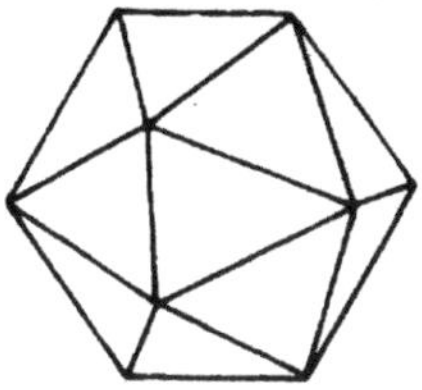

Fig. 13

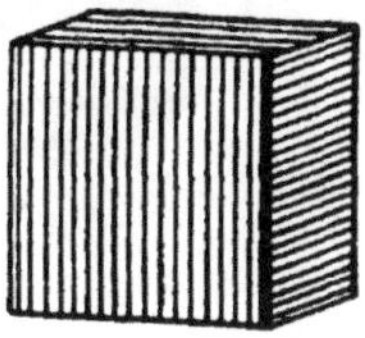

Fig. 14

ausgebildeten Kristallen weit verbreitet. Die häufigsten Formen sind Würfel, Oktaeder, Pentagondodekaeder (Pyritoeder) und Disdodekaeder (Diploeder), verschiedenartig miteinander kombiniert; in Fig. 12 die Kombination von Würfel mit Pyritoeder. Häufig auch Vereinigungen von Pyritoeder mit Oktaeder (Fig. 13) und Diploeder mit verschiedener Tracht, je nachdem die eine oder andere Form vorherrscht. Durch aufeinanderfolgenden Wechsel der Würfel- und Pyritoederflächen sind die Würfel meist parallel einer Kante gestreift (Fig. 14). Zwei durcheinander gewachsene Pyritoeder bilden die Zwillinge des eisernen Kreuzes (Fig. 15). Die Struktur des Pyrits entspricht der des Steinsalzes (Fig. 49), in der die Stellen der Cl-Ionen zweiatomige Schwefelmoleküle einnehmen (Fig. 16); die schräge Lage derselben bedingt die pyritoedrische Symmetrie. $a_0 = 5{,}418$ Å, T_h^6. Farbe messinggelb; lebhafter Metallglanz. Bei Verwitterung durch Bildung von Eisenhydroxyd braun und matt. Pseudomorphosen von Brauneisenstein nach Pyrit beobachtet. H. = 6—6½, D. = 5,0—5,2. Gibt mit Feuerstein Funken, daher sein griech. Name pyrites = Feuerkies. Beim Erhitzen an der Luft bildet sich SO_2 (Geruch); bei Luft-

Fig. 15

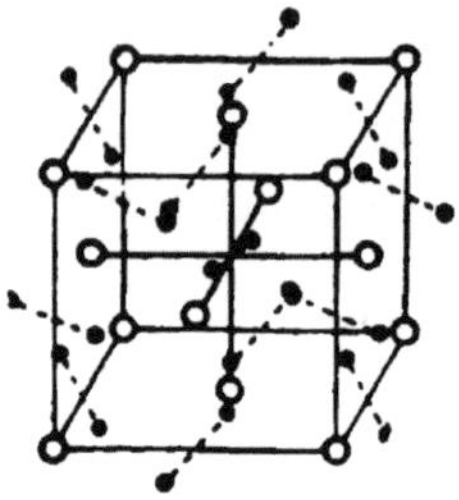

Fig. 16

abschluß entweicht Schwefel. Nach Erhitzen auf Kohle bleibt ein magnetisches Korn.

Schwefelkies ist ein sehr verbreitetes Mineral („Hans in allen Gassen"), das unter fast allen natürlichen Bildungsmöglichkeiten entstehen kann. Die schönsten Kristalle kommen u. a. von Elba, von Brosso und Traversella in Piemont. Ringsum ausgebildete Kristalle, im Keupermergel eingewachsen, bei Vlotho an der Weser; von hier auch Zwillinge des eisernen Kreuzes. Oft sind die Kristalle zu Gruppen zusammengewachsen, nicht selten sind auch kugelige, im Innern strahlige Aggregate zu beobachten.

Ausgedehnte selbständige Lager von Schwefelkies in Meggen a. d. Lenne (Westfalen), am Rammelsberg bei Goslar (Harz), Bayerland bei Waldsassen (Oberpfalz) bei Rio Tinto (Spanien), Sulitelma in Norwegen, Boliden, Falun in Schweden, Rudki bei Kielce (Polen), Ergani Maden am Tigris in Ostanatolien u. a. sind verschiedenartigster Bildung; in den meisten wird zugleich Cu aus Kupferkies gewonnen. Ganz allgemein auf sulfidischen Erzgängen (Harz, Siegerland, Alpen), in großen Kieslagern im Ural

(Bogomolowski, Nischnij Tagilsk) usw. Wichtig als Hauptträger des Goldes, vor allem im Witwatersrand-Konglomerat in Transvaal (vgl. S. 12); als Konkretion (würfelförmig) in bituminösen Tonen und in den aus ihnen entstandenen Phylliten, Schiefern usw. Häufig in Kohlen als Versteinerungsmittel von Fossilien. Verwittert leicht zu Eisenhydroxyd (Brauneisen), das für den „Eisernen Hut" charakteristisch ist. Auch pseudomorph nach anderen Mineralien, z. B. nach Magnetkies (Trepča/Jugoslawien).

Schwefelkies wird auf Schwefelsäure, Eisenvitriol und Schwefel verarbeitet. Das als Röstprodukt verbleibende Eisenoxyd wird auf Eisen verhüttet und als rote Farbe, als Poliermittel usw. benutzt; auch bedeutsames Schwefelerz für die Zellulose-Industrie. Durch Goldgehalt wichtiges Golderz, durch Kupferkiesgehalt auch Kupfererz.

Markasit (Alchimistisch: marcasitae = Schwefelverbindungen, vom arab. marcaschitza = Feuerstein), rhombisch-dipyramidale Modifikation von FeS_2 (vgl. Pyrit, S. 29). Einzelkristalle (tafelig nach 010 oder lanzenartig) selten, meist Zwillinge, die nach ihrer Form auch Speerkies und Kammkies (Fig. 17) genannt werden. Auch in Fließformen (traubig, nierig) und staubartig. Struktur dem Typus nach ähnlich Pyrit. D_{2h}^{12}. Farbe wie Pyrit, aber ins Grünliche, metallisch glänzend, jedoch weniger lebhaft als Schwefelkies. H. = 6—6½, D. = 4,8—4,9 (niedriger als Pyrit!). — Nicht so verbreitet wie Schwefelkies; am häufigsten in hydrothermalen Verdrängungslagerstätten in Kalken und Dolomiten (Aachen, Wiesloch, Oberschlesien), aber auch in Erzgängen (aszendent gebildet), z. B. Clausthal, Freiberg, bei Braçal/Aveiro in Portugal. Pseudomorph nach verschiedenen Mineralien sowie Ver-

Fig. 17

erzungsmittel. Konkretionär in Tonen, Mergeln, Braunkohlen (z. B. Brüx = Most in Böhmen). „Markasitknollen“ der Kreide der Champagne, aber auch ein Teil des „Markasits“ in den Zinkvorkommen Oberschlesiens, dürften Melnikovitpyrite sein, die aus der Gelform des Eisenbisulfids, Melnikovit genannt, gebildet wurden. Markasit entsteht bei niedriger Temperatur und aus sauren Lösungen; er geht oberhalb 400° C monotrop in Pyrit über; verwittert leicht zu Eisenvitriol und Schwefelsäure. Verwendung wie Schwefelkies; der „Markasit“ der Schmuckindustrie ist vorwiegend Pyrit.

Bravoit, nach J. J. Bravo, Lima, auch Mechernichit, (Ni, Fe, Co)S_2; ein Pyrit, bei welchem Fe bis etwa zur Hälfte durch Ni ersetzt ist. Deutlich brauner als Pyrit. Imprägnation auf der Bleierzlagerstätte Mechernich (Name!) in der Eifel, aber auch Umwandlungsprodukt in pentlanditführenden Magnetkieserzen.

Sperrylith, $PtAs_2$, kubisch-disdodekaedrisch (T_h^6; Pyritstruktur. a_0 = 5,94 Å). Meist kleine Kriställchen (Würfel mit Oktaeder und Pentagondodekaeder); große Kristalle in pegmatitischen Bildungen des Potgietersrust-Distrikts in Transvaal. Sehr stark metallglänzend. Zinnweiß. H. = 6—7 (groß!). D. = 10,6 (!). Zuerst vom Chemiker F. L. Sperry (Name!) in Goldquarz bei Sudbury entdeckt. In Lagerstätten vom Sudbury-Typus in genetischer Verbindung mit basischen Eruptivgesteinen; paragenetisch mit Magnetkies, Kupferkies und Pentlandit verbunden. Sperrylith ist der Hauptträger des Pt-Gehaltes aller Nickelmagnetkiesvorkommen. Reichlich in den Pt-Vorkommen des Bushvelds in Transvaal. Außerordentlich widerstandsfähig gegen Verwitterung; daher auch in Seifen (Tschita-Gebiet, Ostsibirien).

Arsenopyrit (Arsenkies, Mißpickel), FeAsS, kristallisiert monoklin (C_{2h}^5), pseudorhombisch; die immer kleinen Kristalle sind kurzprismatisch, am Ende begrenzt von einem flachen, gestreiften Längsprisma (wichtiges Kennzeichen)

(Fig. 18; alte Aufstellung!); auch stengelig und nadelig. Häufig Drusen und Gruppen. Zwillinge z. T. Durchkreuzungszwillinge. Zinnweiß oder dunkler, wenn angelaufen. Metallglänzend. H. = 5½—6, D. = 5,9—6,2. Entwickelt, auf Kohle erhitzt, knoblauchartigen Geruch.

Findet sich hauptsächlich auf pneumatolytischen und hydrothermalen Gängen und Verdrängungslagerstätten; so auf Zinnerzgängen (Erzgebirge, Cornwall usw.), Goldquarzgängen (Brandholz im Fichtelgebirge), Silbererzgängen (Freiberg in Sachsen, St. Andreasberg), Bleierzlagerstätten (z. B. Přibram, Böhmen; Trepča/Jugoslawien), hydrothermalen Kupferkieslagerstätten (Prachtstufen von Mitterberg/Hochkönig, Salzburg) und in Kontaktkalken (Reichenstein in Schlesien); auch in metamorphosierten oder im Grundgebirge liegenden Lagerstätten, wie Bayerland bei Waldsassen, vor allem aber Boliden im Skellefteå-Distrikt (Nordschweden), der größten As-Lagerstätte der Welt, die aber auch bedeutsame Mengen Gold liefert; Au ist mechanisch beigemengt. Erzbildend auch im Ural.

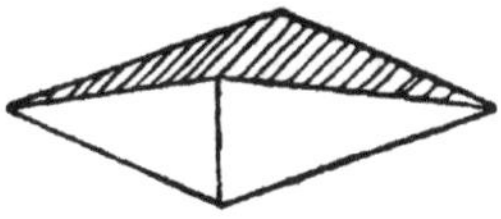
Fig. 18

Die Hauptverwendung von Arsenkies ist die Gewinnung arseniger Säure zur Bekämpfung von Insektenschädlingen; auch in der Farb- und Lederindustrie verwendet.

Der in feinen Nadeln, meist aber derb vorkommende **Löllingit** unterscheidet sich von Arsenopyrit durch seine Zusammensetzung ($FeAs_2$); er ist meist hydrothermaler Bildung [St. Andreasberg im Harz, im Hüttenberger Erzberg, Revierteil Lölling (Name!), Schladming in der Steiermark]; im Serpentin bei Reichenstein in Schlesien derbe Knollen. Gegenüber Arsenopyrit weicher (H. = 5) und schwerer (D. = 7,1—7,4), im frischen Bruch heller. Rhombisch-dipyramidal (D_{2h}^{12}, wie Markasit).

Safflorit, $CoAs_2$, rhombisch-dipyramidal (D_{2h}^{12}); derb, vom Speiskobalt (S. 34) schwer zu unterscheiden. Ein erheblicher Teil des „Speiskobalts“ in den Sammlungen ist Safflorit (Saflor, auch Zaffer: abgeröstetes Kobalterz). Vorkommen auf CoNiAg-Erzgängen (Schneeberg, Jáchymov = Joachimsthal, Wittichen, Niederramstadt bei Darmstadt). D. mit 6,9—7,3 höher als bei Speiskobalt (6,4—6,6).

Rammelsbergit, nach dem Rammelsberg b. Goslar am Harz, $NiAs_2$, rhombisch (D_{2h}^{12}). Kristalle selten. D. deutlich höher als Speiskobalt, nämlich 7,1. Reichlich in den Mansfelder Rücken, Schneeberg in Sachsen und anderen Erzgängen der Co-Ni-Ag-Formation.

Speiskobalt-Gruppe. S k u t t e r u d i t, (Ni, Co)As_3 von Skutterud (Norwegen); S p e i s k o b a l t (Smaltin), $CoAs_{3-2}$, und C h l o a n t h i t, $NiAs_{3-2}$, bilden unbegrenzt Mischkristalle; kubisch-disdodekaedrisch, T_h^5, a_0 = 8,21—8,29 Å (aber mit Schwefelkies n i c h t isomorph). S p e i s k o b a l t: Würfel mit Oktaeder und Rhombendodekaeder, ähnlich wie Bleiglanz, von dem er sich durch das Fehlen von Spaltbarkeit und die Blaufärbung der Boraxperle leicht unterscheidet. Zinnweiß bis stahlgrau, dunkelgrau anlaufend, metallglänzend. H. = 5½, D. = 6,4—6,6.

Von Speiskobalt ($CoAs_{3-2}$) ist C h l o a n t h i t wesentlich nur durch die Zusammensetzung ($NiAs_{3-2}$) unterschieden; ein Überschuß von As (frühere Formeln $CoAs_2$ bzw. $NiAs_2$) ist kennzeichnend.

Vorkommen auf hydrothermalen Gängen, wie im böhmisch-sächsischen Erzgebirge, Wittichen im Schwarzwald, Niederramstadt bei Darmstadt, im Erzdistrikt von Příbram in Böhmen, usw.; in Uranerzen am großen Bärensee. In Paragenese oft Safflorit (vgl. S. 34).

Durch Verwitterung entsteht aus Speiskobalt rote K o b a l t b l ü t e (Erythrin, griech. erythros = rot), aus Chloanthit (griech.

chloanthes = grün werden) grüne Nickelblüte (Annabergit, S. 26); beide sind wasserhaltige, arsensaure Salze, das eine von Co, das andere von Ni: also $Co_3(AsO_4)_2 \cdot 8H_2O$ bzw. $Ni_3(AsO_4)_2 \cdot 8H_2O$.

Cobaltin (Kobaltglanz, Glanzkobalt), CoAsS, kristallisiert wie Schwefelkies kubisch-disdodekaedrisch neben Pentagondodekaeder stellen Oktaeder mit Pentagondodekaeder (Fig. 19; in Fig. 13 dieselben beiden Formen im Gleichgewicht) die häufigste Kombination dar. Würfel gelegentlich gestreift. Zwillinge sehr selten. Auch körnig eingesprengt. Kristallgitter wie Pyrit (Fig. 16), aber jeweils ein S der S_2-Komplexe („Hantel") durch As ersetzt. T_h^6. a_0 = 5,61 Å. Zum Unterschied von Schwefelkies ist Cobaltin rötlich-silberweiß, etwas weicher (H. = 5½) und schwerer (D. = 6,2). Nach dem Würfel spaltbar. Stark metallglänzend. Boraxperle blau. Häufiger Beschlag von Kobaltblüte.

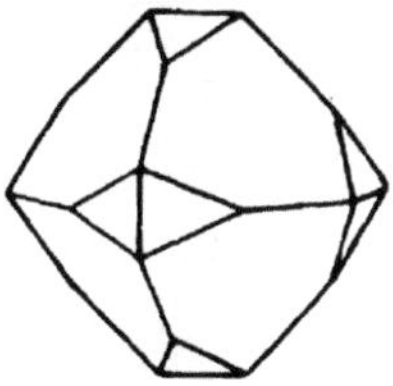
Fig. 19

Findet sich kontaktpneumatolytisch unter anderem als Fahlbandmineral in Gneisen von Tunaberg (Schweden), zusammen mit Kupferkies; ohne solchen bei Modum in Norwegen; kontaktmetasomatisch auf der Eisenerzlagerstätte Daschkessan (Aserbeidschan); hydrothermal auf Kobalterzgängen (Annaberg, Schneeberg), besonders massenhaft aber bei Cobalt, Ontario; in Goldquarzgängen reichlich, z. B. in Boliden, Schweden.

Wichtiges Kobalterz. Wird zur Darstellung von Kobaltfarbe (Smalte) benutzt; das metallische Co auch als Zusatz zu gewissen Edel- und Schnelldrehstählen, aber auch zu verschiedenen Werkstoffen mit großer Verschleißfestigkeit, Härte, Warmhärte und Schneidhaftigkeit (wichtig für die Herstellung von Gasturbinen für Düsenmotore). In der Chemie ist Co Katalysator (z. B. in der Treibstoffsynthese nach dem Fischer-Tropsch-Verfahren) und Grundstoff verschiedener Verbindungen.

· **Chalkopyrit** (gr. chalkos = Kupfer, pyr = Feuer), synonym Kupferkies, $CuFeS_2$, kristallisiert tetragonal-skalenoodrisch. Kristalle meist klein, von sphenoidischem Habitus (Fig. 20), oft verzerrt und durch sehr häufige Zwillingsverwachsungen undeutlich. Hauptsächlich in derben Massen, die sich vom ähnlichen Schwefelkies durch ihre grünlichmessinggelbe Farbe und geringere Härte (3½—4) unterscheiden lassen. Gitter sehr ähnlich der Zinkblende (Fig. 30), D_{2d}^{12}. Entwickelt auf Kohle v. d. L. SO_2 (Geruch), gibt magnetisches Korn (Fe), das nach Befeuchten mit Salzsäure die Flamme blau färbt (Cu). Metallglänzend, oft bunt angelaufen. Strich schwarz. D. = 4,2.

Fig. 20

Sehr verbreitetes Kupfererz, genetisch ein Durchläufer; primärer Gesteinsgemengteil, pneumatolytisch bis vorwiegend hydrothermal auf Erzgängen, weiter kontaktmetasomatisch; manche Vorkommen (Sulitelma in Norwegen, Falun in Schweden u. a.) stark metamorphosiert. Auf hydrothermaler Kupferkieslagerstätte der Grauwackenzone Mitterberg/Hochkönig (größte österr. Produktion). Als Zement in feinkörnigen Sandsteinen der Dsheskagansker Lagerstätte (Kasachstan) in hydrothermaler Verdrängung des kalkigen Bindemittels. Sedimentär am Rammelsberg im Harz, im Mansfelder Kupferschiefer, bei Ergani Maden am Tigris in Ostanatolien (die größte türkische Kupferlagerstätte); wird dort sowie in Nassau, Westfalen, im Erzgebirge und an vielen anderen Orten (Rio Tinto in Spanien, Bingham in USA usw.) bergmännisch gewonnen; es ist das wichtigste Kupfererz. Bei seiner Verwitterung entstehen Brauneisenstein, Ziegelerz, Kupferpecherz, Malachit, Buntkupferkies und andere Mineralien des „Eisernen Hutes".

Bornit, nach dem Mineralogen Ignatius von Born (1742 bis 1791), synonym Buntkupferkies, enthält dieselben Bestandteile wie Kupferkies, jedoch im schwankenden Verhältnis (durch Löslichkeit von Cu_2S und $CuFeS_2$); vorwiegend Cu_5FeS_4. Kristallisiert kubisch (> 200° C, meist rhombisch bei Zimmertemperatur); ist aber vorwiegend derb. Auf frischem Bruch metallisch bronzegelb, an der Oberfläche immer blau und rot angelaufen. Wichtiges Kupfererz verschiedenartiger Entstehung; pegmatitisch-pneumatolytisch und hydrothermal neben Kupferglanz und Enargit z. B. in Tsumeb, Südwestafrika, Butte in Montana. Manchmal durch Einwirkung heißer Lösungen auf Kupferkies entstanden (Siegerland, Kupferberg in Schlesien, Berggießhübel in Sachsen). Im Mansfelder Kupferschiefer sedimentär imprägniert. Spez. Gew. 4,9—5,1. H. 3.

Stannin (Zinnkies), Cu_2FeSnS_4, isomorph mit Kupferkies, von grünlichgrauer Farbe. Begleiter von Zinnstein und in Zinkblendelagerstätten, z. B. des Erzgebirges, bei Kutná Hora (Kuttenberg) in Böhmen, Cornwall u. a. Reichlich in Gruben Boliviens und Tasmaniens.

B. Glanze

Schwefelverbindungen, die metallisch, undurchsichtig und von dunkler Farbe sind, schwärzlichen Strich und meist geringe Härte haben (2—3), werden Glanze genannt.

Bleiglanz (Galenit, vom lat. galena = Bleierz), PbS, kristallisiert kub.-hex'okt., hauptsächlich in Würfel und Ok-

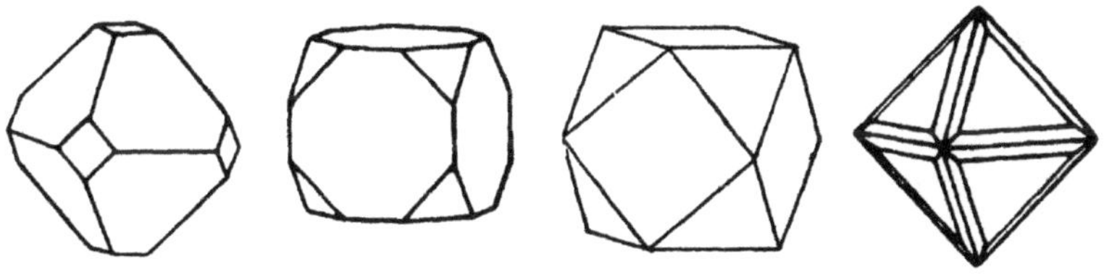

Fig. 21 Fig. 22 Fig. 23 Fig. 24

taeder, allein oder in Kombination (Fig. 21 u. 22), wobei auch das sogenannte Kubooktaeder (Fig. 23) beobachtet wird; auch mit Dodekaeder und Pyramidenoktaeder in Kombination (Fig. 24). Flächen oft gekrümmt oder geknickt, Kanten manchmal abgerundet. Gewöhnlich körnig und spätig; sehr feinkörnige bis dichte Aggregate, manchmal plattig ausgewalzt (Bleischweif). Durchkreuzungszwillinge von würfeligen Kristallen häufig; aber auch nach einer Oktaederfläche tafelige Zwillinge. Gitter vom NaCl-Typ, O_h^5 (Fig. 49); $a_0 = 5{,}94$ Å. Bleiglanz ist metallglänzend, bleigrau, nach den Würfelflächen sehr leicht spaltbar, mild. Härte gering (2½—3), D. = 7,4—7,6. Gibt mit Soda auf Kohle geschmolzen ein Bleikorn und gelben Beschlag. Die derben Massen sind grob- bis feinkörnig und haben auf frischem Bruch, wie auf den Spaltflächen, sehr lebhaften Glanz.

Wichtigstes Bleierz, durch einen geringen Silbergehalt (diadoch oder durch Ag-haltige Mineralien) auch wichtiges Silbererz (bis 1% Ag). Auch Träger des Wismuts (Trepča/Jugoslawien), als α-$AgBiS_2$ (Schapbachit, rhomb.) beigemengt. Vorwiegend hydrothermal gebildet und auf Erzgängen sehr verbreitet: Im Harz, an der unteren Lahn bei Ems und Holzappel, im Bergischen Land (Lüderich bei Untereschbach, bei Much), im Ruhrgebiet (in Marl-Hüls bei Recklinghausen, Christian Levin in Essen-Dellwig), in der Eifel (Bleialf), in Süddeutschland (Wiesloch, Schauinsland, Schapbach) und in vielen außerdeutschen Vorkommen (u. a. Příbram/Böhmen, Trepča/Jugoslawien, Linares/Spanien usw.). In hydrothermaler Verdrängung in Altenberg bei Aachen, in Oberschlesien, in Bleiberg-Kreuth (Kärnten), Raibl (Jul. Alpen in Italien), Mieß (Jugoslawien) und anderen Orten. Als Imprägnation im Buntsandstein (sogenanntes Knottenerz) am Nordrand der Eifel bei Mechernich. Kontaktpneumatolytisch in Sala (Schweden) u. a. O. Sedimentär, aber zugleich metamorphosiert, das Vorkommen am Rammelsberg bei Goslar (Harz). Bleiglanz ist fast stets mit Zinkblende vergesellschaftet, oft aber auch in inniger Verwachsung. Hauptproduktionsländer: USA (Leadville in

Colorado u. a.), Mexiko, Canada, Australien (Broken Hill). — In der Oxydationszone von Anglesit ($PbSO_4$) überkrustet, das in Cerussit ($PbCO_3$) übergeht.

Verwendung von Blei in der Elektro- und Bauindustrie, zu Kabel, Röhren, Legierungen, Schrott. Zu Farben als Bleiweiß und Mennige. Als Antiklopfmittel (Tetraäthylblei) im Benzin, als Initialsprengstoff (Bleiazid), als Schutzverkleidung gegen Röntgen- und radioaktive Strahlen, zur Herstellung des Bleiglases („Kristall") usw.

Antimonglanz (Antimonit, Grauspießglanz), Sb_2S_3, bildet rhombisch-dipyramidale Kristalle, prismatisch und gestreift nach der Vertikalachse, oder nadelige, spießige (Name! Fig. 25), faserige, strahlige Gruppen. Grau, stark metallglänzend, parallel der Längsfläche sehr leicht spaltbar; die Spaltfläche meist quergestreift und infolge Translation, wie die Kristalle manchmal auch, leicht wellig verbogen oder gedreht (ein gutes Kennzeichen!). Raumgruppe D_{2h}^{16}. Härte gering (2), D. = 4,6—4,7. Sehr leicht schmelzbar (546—551° C). V. d. L. flüchtig, auf Kohle weißer Beschlag. Mit Salzsäure Schwefelwasserstoff. Dient zur Darstellung von reinem H_2S. Verwittert zu Antimonocker [Sb_2O_4 bzw. $(Sb, Ca)_2Sb_2O_6(O, OH)$] (große Pseudomorphosen von Antimonocker nach Antimonit z. B. bei Zajača in Jugoslawien).

Fig. 25

Antimonglanz ist das wichtigste Antimonerz. Entstehung hydrothermal; gewöhnlich auf Erzgängen in verschiedenartiger Paragenese. Findet sich in Deutschland unter anderem bei Arnsberg i. W., Wolfsberg im Harz, Bräunsdorf im Erzgebirge, Goldkronach im Fichtelgebirge, Schleiz in Thüringen. Auch metasomatisch in Kalken und Schiefern. Die größten und schönsten Kristalle sind aus Japan (Schinokawa auf der

Insel Shikoku) gekommen; jetzt liefert Stolice (Jugoslawien) große (bis 1 m lange) Kristalle; beachtenswerte Kristalle auch Schlaining im Burgenland (Österr.). Wirtschaftliche Bedeutung haben in erster Linie das Gebiet Jünnan in China, Mexiko, dann Südafrika und Bolivien, doch auch Algier, die Tschechoslowakei (Příbram, Milešov = Mileschau, Pernek, Kremnica = Kremnitz u. a.), Auvergne, Korsika und Sardinien u. a. Der ähnliche

Wismutglanz (Bismuthinit), Bi_2S_3, rhombisch-dipyramidal (D_{2h}^{16}), das wichtigste Wismuterz, kann von Antimonglanz v. d. L. (dunkelgelber Wismutbeschlag) unterschieden werden. D. = 6,8—7,2. H. 2—2½. Farbe lichter als bei Antimonglanz, meist Anlauffarben. Hydrothermal auf Gängen, z. B. des sächsisch- böhmischen Erzgebirges. Wirtschaftlich wichtig die Silberzinnerzgänge Boliviens. Auch Exhalationsprodukt (auf Vulcano).

Silberglanz (Argentit), Ag_2S; unterhalb 179° C monoklinpseudorhombisch (C_{2h}^5), oberhalb 179° C kubisch - hex'-okt. (O_h^9), a_0 = 4,89 Å. Kristalle vom rhombischen Habitus mit weitgehend kubischen Winkeln, aber auch in würfeliger Ausbildung mit Oktaeder, Rhombendodekaeder usw. wie Bleiglanz, jedoch in der Farbe dunkler, grau bis schwarz, wenig glänzend und nicht spaltbar, dagegen geschmeidig und wie Blei zu schneiden. Auch derb, haarförmig, pulverig (Silberschwärze). H. = 2—2½, D. = 7,3. Gibt mit Soda auf Kohle geschmolzen ein Silberkorn.

Wichtiges primäres Silbererz; als entmischte Schüppchen Silberträger im Bleiglanz (vgl. S. 88). Auf hydrothermalen Gängen im sächsisch-böhmischen Erzgebirge (Freiberg, Schneeberg usw.), bei Schemnitz = Báňská Štiávnica, Kongsberg, im Staate Nevada (vor allem auf dem Comstocklode) und reichlich in Mexiko (Zacatecas, Guanajuato u. a.).

Auch kennzeichnendes Erz der Zementationszone (z. B. im Erzdistrikt von Jáchymov = Joachimsthal in Böhmen).

Kupferglanz (Chalkosin; griech. chalkos = Kupfer), Cu_2S, unterhalb 103° C gebildet, rhombisch-pyramidal (C_{2v}^{15}); oberhalb 103° C gebildete Kristalle hexagonal — D_{6h}^4 — (α-Cu_2S), aber nachträglich paramorphosiert. Kristalle daher oft rhombisch mit pseudohexagonalem (manchmal pseudokubischem) Habitus, dabei dicktafelig oder kurzsäulig, nach der a-Achse gestreift. Zwillingsverwachsungen und Durchkreuzungsdrillinge häufig. Meistens findet sich Kupferglanz in derben Massen. Farbe dunkelbleigrau, fast schwarz. Strich schwarz, geringer Metallglanz. H. 2½—3; mild, fast wie Blei zu schneiden, D. = 5,7—5,8. Gibt mit Soda auf Kohle geschmolzen ein Kupferkorn.

Wichtiges Kupfererz (kupferreichstes Sulfid), hydrothermal (aszendent) oder in der Zementationszone (deszendent) gebildet. Letztere wichtig für Nordamerika, Redruth (Cornwall), Kupferberg (Schlesien) u. a. Hydrothermal Tsumeb (Südwestafrika), Butte (Montana), Vrančice b. Příbram (Böhmen). In fein verteiltem Zustand in dem der Zechsteinformation angehörenden Kupferschiefer von Mansfeld entstanden.

Molybdänglanz (Molybdänit), MoS_2, dihexagonal-dipyramidal, bildet meist schlecht ausgebildete sechsseitige, rötlichbleigraue, metallglänzende Blättchen von geringer Härte (1—1½), die sich vom schwarzen Graphit durch ihre Farbe, höheres spez. Gewicht (4,7—4,8) und gelbgrüne Flammenfärbung leicht unterscheiden lassen. Sehr vollkommene Spaltbarkeit nach (0001). Typisches Schichtgitter. D_{6h}^4.

Das einzige wichtige Molybdänerz, vielerorts, jedoch in größeren Mengen selten. Hauptvorkommen in pegmatitisch-pneumatolytischen Bildungen, gebunden an Granite (Lomnitz im Riesengebirge, bei Stavanger in Norwegen), in

Gängen und als Imprägnation (böhmisch-sächsisches Erzgebirge, wie Krupka = Graupen, Cornwall, Queensland), kontaktmetasomatisch (Auerbach an der Bergstraße); hydrothermaler Bildung in quarzigen Erzen von Climax in Colorado, der weltwirtschaftlich bedeutendsten Mo-Lagerstätte. Im „Mansfelder Rücken" enthält der Molybdänglanz das seltene Element Rhenium, das sich ebenfalls in den „Eisensauen" anreichert.

Verwendung des metallischen Molybdäns als Zusatz zu Edelstahl, zu Molybdänverbindungen in der Elektrotechnik, Farb- und chemischen Industrie, als Reaktormetall und Baustoff in der Raketentechnik. Schmelzpunkt von Mo = 2600° C.

Unter den Selenglanzen wäre Clausthalit (PbSe) erwähnenswert; dem Bleiglanz ähnlich, v. d. L. aber starker Selengeruch. Vorkommen u. a. Grube Charlotte, Clausthal (Name!).

Dyskrasit — griech. dyskrasia = schlechte Mischung — (Antimonsilber), Ag_3Sb, ein Silbererz. Rhombisch-pyramidal, C^1_{2v}, meist schlecht ausgebildete säulige bis plattige Kristalle; Zwillinge pseudohexagonal. Vorkommen auf Silbererzgängen (wie St. Andreasberg/Harz, Wolfach/Schwarzwald u. a.) sowie Silberkobaltgängen (z. B. im Cobaltdistrict Ontário/Canada).

Wichtig sind verschiedene Gold- und Silbertelluride, deren Gold bzw. Silber v. d. L. auf Kohle durch ein Gold- bzw. Silberkorn, Tellur aber durch einen Tropfen kochender Schwefelsäure, der sich kräftig purpurn verfärbt, nachgewiesen werden kann. Calaverit (nach Calaveras County, Kalifornien), $AuTe_2$, ist das häufigste der Goldtelluride, hellgelb, D. = 9,3; wichtigstes Golderz des Cripple Creek-Distrikts, Colorado. Verwandt ist Krennerit — nach Dr. J. A. Krenner — (Au, Ag)Te_2. In schriftähnlichen Gruppen tritt Schrifterz (Sylvanit), $AuAgTe_4$, auf. Blättrige Aggregate bildet Blättererz (Nagyagit) dessen chemische Zusammensetzung wenig konstant ist. Vorkommen für Nagyagit und Sylvanit (nach Transsylvanien = Siebenbürgen) u. a. Săcărîmb (= Nagyág) und Baia de Arieş (= Offenbánya) in Rumänien.

C. Fahle

Diese Gruppe umschließt in erster Linie Mineralien, die der chemischen Zusammensetzung nach Sulfosalze sind, also neben einem Schwermetall ein Sprödmetall und Schwefel enthalten. Kennzeichnend sind eine meist graue (fahle) Farbe, kein starker

Metallglanz, in einigen Fällen Diamantglanz (Gültigerze) und geringe Härte (gewöhnlich 3).

Fahlerze kristallisieren kubisch-hex'tetraedrisch. Vorwiegend Tetraeder, daher auch „Tetraedrit", dann Tetraeder mit Dodekaeder (Fig. 26) oder mit Pyramidentetraeder (Fig. 27) und anderen Formen. Gitterähnlichkeit (T_d^3) mit der Zink-

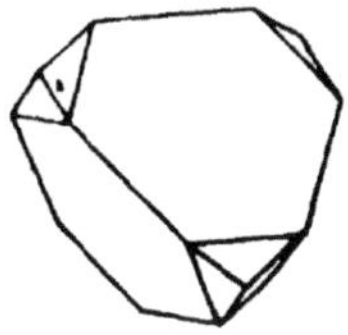

Fig. 26

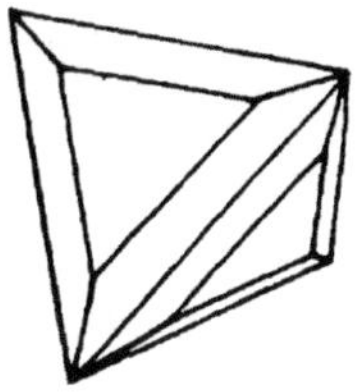

Fig. 27

blende (vgl. Fig. 32). Chemische Zusammensetzung und damit auch verschiedene Eigenschaften schwankend; Fahlerze enthalten Kupfer, Silber, Zink, Antimon, Schwefel; auch Arsen, Eisen und andere Bestandteile. Antimonfahlerz oder Tetraedrit — $a_0 = 10{,}34$Å — etwa nach der Formel 3 $Cu_3SbS_3 \cdot CuZn_2SbS_4$ zusammengesetzt, hat 25 bis 45% Cu, während das Arsenfahlerz (Tennantit, nach dem Chemiker Tennant) 38—55% Cu enthält; Silberfahlerz (auch Freibergit) ist durch Ag-Gehalt (bis 36% auf der Sunshine-Mine bei Wardner, Idaho), Quecksilberfahlerz oder Schwazit (Schwaz in Tirol, Zips in der Slowakei) durch Hg-Gehalt (bis 17%) ausgezeichnet. Die Fahlerze sind metallglänzend, haben fahlgraue bis schwarze Farbe; Strich schwarz. H. = 3—4, D. = 4,4—5,4. Derbe, frische Massen sind nur durch eine chemische Prüfung von anderen ähnlich aussehenden Mineralien zu unterscheiden; sie entwickeln v.d.L. auf Kohle SO_2, geben weißen Beschlag, und das Korn färbt nach Befeuchten mit Salzsäure bei erneutem Anblasen die Flamme blau.

Fahlerze sind wichtige Kupfer- und Silbererze, vorwiegend hydrothermal gebildet auf Erzgängen und häufig in der Zementationszone angereichert; sie werden im Harz, in Nassau, im Siegenschen, im böhmisch-sächsischen Erzgebirge, im Spisch-Gemörer Erzgebirge (Špišsko-gemerské Rudohoří) und an vielen anderen Orten bergmännisch gewonnen und auf Kupfer und Silber verhüttet; Kupfer ist in allen Fahlerzen enthalten, Silber nur in den arsenfreien. Pegmatitisch-pneumatolytischer Bildung ist Fahlerz im Kryolith von Grönland und in einigen Zinnerzgängen, sedimentär im Mansfelder Kupferschiefer, am Rammelsberg bei Goslar.

Als Erze von Bedeutung sind weiter erwähnenswert:

Bournonit, nach dem franz. Mineralogen Graf J. L. Bournon, $PbCuSbS_3$, rhombisch-pyramidal, C_{2v}^7, (pseudotetragonal); dicktafelige Kristalle nach der Basis, bei Zwillingen randlich oft gezackt (Rädelerz). Grau, stark metallglänzend. H. = 3, D. = 5,7. Auf hydrothermalen Gängen im Harz (Neudorf, St. Andreasberg u. a.), in Bräunsdorf (Sachsen), im Siegerland, in Lagerstätten des Typus Hüttenberg, im Erzdistrikt von Příbram in Böhmen usw.

Boulangerit — von C. L. Boulanger entdeckt —, $Pb_5Sb_4S_{11}$, bleigraue nadelige Kristalle und faserige Aggregate (bis 1 m lange Boulangerit-Haare in Trepča/Jugoslawien) hydrothermaler Bildung auf den meisten Bleierzlagerstätten, z. B. Neudorf (Harz), Příbram (Böhmen), Boliden (Schweden) usw. Monoklin-prismatisch, C_{2h}^5. D. um 6,0. H. = $2\frac{1}{2}$. Meist derb.

Enargit, (griech. enarges = klar, deutlich: in Bezug auf die Spaltbarkeit), Cu_3AsS_4, rhombisch-pyramidal, C_{2v}^7, (pseudohexagonal), Kristalle meist nach der Vertikalachse gestreckt und gestreift, vorwiegend jedoch derb. Eisenschwarz, wenig glänzend. H. = $3\frac{1}{2}$, D. = 4,4. Vollkommene Spaltbarkeit nach (110). Wichtiges Kupfererz; hydrothermal, metasomatisch gebildet. Von Bedeutung Bor in Jugoslawien, Butte (Montana), Peru, Chile (Chuquicamata), Argentinien, Tsumeb in Südwestafrika.

Stephanit (Sprödglaserz), Ag_5SbS_4, schwarze, rhombisch-pyramidale Kristalle, häufig verzwillingt und hexagonal aussehend. H. = 2½, D. = 6,2—6,3. Nur gelegentlich ein wichtiges Silbererz, z. B. auf dem Comstock-lode in Nevada; mit anderen Silbererzen auf hydrothermalen Gängen im böhmisch-sächsischen Erzgebirge, im Harz, in Siebenbürgen (Baia de Arieş = Offenbánya) usw.

Miargyrit, $AgSbS_2$, monoklin-prismatisch, H. = 2—2½, D. = 5,2. Stahlgrau mit kirschrotem Strich. Wichtiges Silbererz im Randsburg-Distrikt, Californien. Auf Erzgängen in Bräunsdorf bei Freiberg, Příbram in Böhmen u. a. Name: griech. meion = weniger, argyros = silberhaltig: als Pyrargyrit.

Rotgültigerze. Zunächst dunkles Rotgültigerz (Pyrargyrit, griech. pyr = Feuer, argyros = silberhaltig), Ag_3SbS_3, kristallisiert ditrigonal-pyramidal, also hemimorph! C_{3v}^6. Kristalle mit Prisma zweiter Stellung, am Ende begrenzt von Rhomboedern und Skalenoedern (Tracht oft Kalkspat ähnlich); mit verschiedenen Enden entwickelt selten (Fig. 28). Zwillinge. Rhomboedrische Spaltbarkeit deutlich. Farbe dunkelrot, durchscheinend. Strich hellrot. Glanz ist sehr stark. Härte gering (2½—3), D. = 5,8. Ist eines der wichtigsten, aber auch häufigen Silbererze hydrothermaler Bildung; gefunden im Harz (St. Andreasberg), im Freiberggebiet (Sachsen), im sächsisch-böhmischen Gangerzgebiet (Jáchymov = Joachimsthal, Johanngeorgenstadt usw.), in der Slowakei sowie in Chile, Mexiko (Zacatecas, Guanajuato) usw.

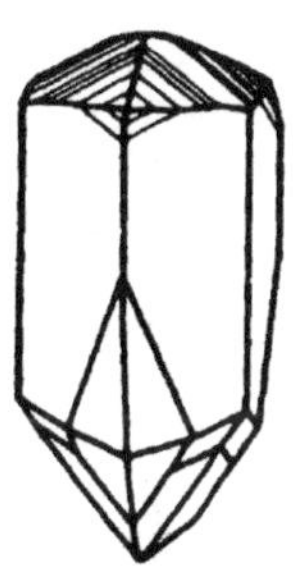

Fig. 28

Das lichte Rotgültigerz (Proustit, nach dem franz. Chemiker J. L. Proust) enthält statt Antimon Arsen (Ag_3AsS_3), ist hellrot, durchsichtig. Meist prismatisch oder skalenoedrisch. H. = 2½, D. = 5,57. Im Strich heller als Pyrargyrit, auch wenn durch Licht nachgedunkelt. Nicht so häufig wie das dunkle Rotgültigerz, aber an denselben Orten und gleichfalls ein wichtiges Silbererz.

Germanit, Cu_6FeGeS_8, kubisch, T_d^3, $a_0 = 10{,}58$ Å, ist eines der seltenen Germaniumverbindungen. Reichlich in Tsumeb, Südwestafrika. Auch in der Kongorepublik (Prince Leopold) im Abbau. Für die Germaniumgewinnung wichtig sind die Ge-haltigen Kupferlagerstätten in der bolivianischen Zinnerzprovinz.

D. Blenden

Schwefelverbindungen mit Diamant- bis Fettglanz und meist hellem Strich; in dünnen Schichten durchsichtig bis durchscheinend. Kein schwarzer Strich.

Zinkblende (Blende, Sphalerit, vom griech. sphaleros = trügerisch), ZnS, meist mit erheblichem Eisengehalt (bis

Fig. 29

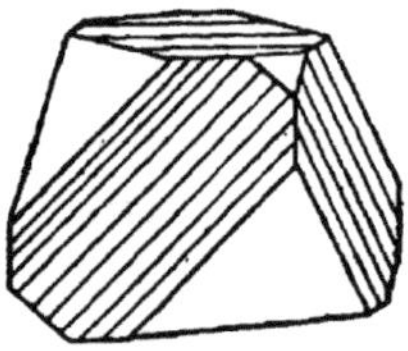

Fig. 30

Fig. 31

20% Fe). Kubisch-hex'tetraedisch. Oktaedern entsprechende Flächen in der Ausbildung deutlich voneinander verschieden (Fig. 29); sie gehören Kombinationen von Tetraeder und Gegentetraeder an. Fig. 30 (wie Fig. 29) entspricht einer Kombination von Tetraeder mit Würfel und Gegentetraeder. Durch wiederholte Zwillingsbildung nach einer Tetraederfläche (Fig. 31) wird die Form der Kristalle oft schwer bestimmbar; es kommen aber auch sehr schöne einfache und scharfe Zwillinge vor. Gitter (Fig 32); Zn und S bilden für sich allein je ein flächenzentriertes kubisches Gitter, die um $^1/_4$ der Raumdiagonale gegeneinander verschoben sind (vgl. Diamantstruktur, Fig. 8). T_d^2; $a_0 = 5{,}43$ Å. — Zinkblende ist nach den Flächen des Rhombendodekaeders leicht zu spalten. Härte 3½—4, sehr spröde; Dichte 3,9—4,1. Entwickelt mit Salzsäure Schwefelwasserstoff. Durchsichtig bis undurchsichtig, mit starkem Glanz; auf den Spaltflächen halbmetalllisch (blendeartig!). Selten farblos, Farbe gelb (Honigblende), braun, rot (Rubinblende), ölgrün und schwarz; besonders häufig sind derbe Aggregate von brauner Farbe, aber auch grob- und feinspätige bis dichte. Lichtbrechung = 2,368 (fast Diamant gleich).

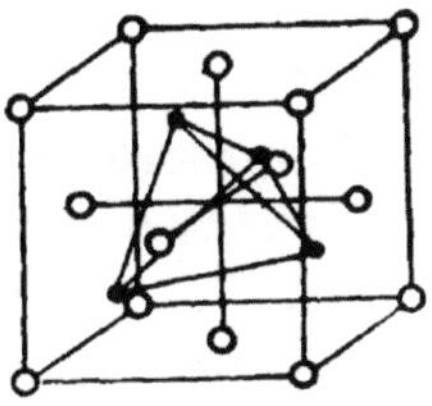

Fig. 32

Wichtigstes Zinkerz und im Bereich der Erzbildung, fast immer von Bleiglanz begleitet, ein Durchläufer. Pegmatitisch-pneumatolytisch in Zinnerzgängen, häufiger ein Produkt der Kontaktmetasomatose, z. B. in den größten Zinkerzlagerstätten der Welt [Broken Hill in Australien, Tetiuhe in Ostsibirien, Åmmenberg in Schweden, Trepča in Jugoslawien (schöne schwarze — Fe-reiche — Kristalle) u. a.] und in zahlreichen kleineren Vorkommen, wie etwa Bodenmais in Bayern. Hauptverbreitung in hydrothermalen Gängen (Harz, Siegener Revier, Erzgebirge, Schauinsland im Schwarzwald, in Nassau, Bleiberg-Kreuth in Kärnten, im Erzdistrikt von Příbram, Schemnitz, Kapnik in Siebenbürgen usw.) und hydrothermalen Verdrängungslagerstätten (Altenberg und Stolberg bei Aachen, Wiesloch in Baden, Brilon in Westfalen, in Oberschlesien, Raibl in Italien, Alston Moore in Nordwestengland usw.); schöne Kristalle finden sich im Binntal (Schweiz) auf Dolomit, große spätige und klare Stücke kommen aus der Gegend von Santander in Spanien. Sedimentärer Bildung z. B. die Ablagerungen bei Meggen in Westfalen, am Rammelsberg bei Goslar.

Zinkblende wird auf Zink verhüttet; daraus werden u. a. Drähte und Bleche, Legierungen (Messing), Mineralfarben (Zinkweiß, Lithopon, Zinkgelb) hergestellt. Verwendung auch in galvanischen Elementen und zum Verzinken, als Sulfat zur Schädlingsbekämpfung, als Chlorid zur Holzimprägnierung.

Ausgesprochen faserige Aggregate von Blende sind Strahlenblende (oder Wurtzit, nach dem franz. Chemiker A. Wurtz); sie gehört nach ihren Eigenschaften ins hexagonale System, so daß ZnS dimorph ist. Eine nahezu dichte Abart ist die Schalenblende (auch Leberblende) von Altenberg und Stolberg bei Aachen und Bleischarley in Oberschlesien, die aus Lagen von Blende oder Wurtzit, aber auch aus einem Gemenge dieser beiden Mineralien besteht.

Mit dem Wurtzit isomorph ist der Greenockit — nach Lord Greenock — (CdS), meist in erdigen gelben Krusten, durch Verwitterung cadmiumreicher Zinkblenden (Přibramit) entstanden, z. B. Lüderich bei Bensberg, Bleischarley usw. Cd wird zu leicht schmelzenden Legierungen (Woodsche Legierung, s. S. 19), CdS als Farbe und wegen seiner hohen Absorptionsfähigkeit für Neutronen zum Steuern des Ablaufs nuklearer Reaktionen im Atommeiler benutzt.

Zinnober (Cinnabarit), HgS, kristallisiert trigonal-trapezoedrisch, kommt aber nur selten in deutlichen rhomboedrischen Kristallen vor; meist derbe körnige und dichte Massen. Durchdringungszwillinge (Zwillingsachse die Vertikale). Gitter: Deformiertes NaCl-Gitter (vgl. Fig. 49). H. = 2—2½, D. = 8,1. Farbe und Strich von reinem Zinnober scharlachrot, durch Beimengungen dunkler. Diamant- oder Blendeglanz. Lichtbrechung und positive Doppelbrechung sehr hoch (vgl. Tab. I). Zirkularpolarisation 15mal stärker als beim Quarz. Wird Zinnober mit Soda in einem Glasröhrchen erhitzt, so scheiden sich kleine Tröpfchen von Quecksilber aus. Durch organische Substanz verunreinigter Zinnober heißt Lebererz, Stahlerz und Korallenerz.

Wichtigstes Quecksilbererz, dessen Bildung aus Thermen im Bereich absterbender Vulkane noch verfolgt werden kann.

Hydrothermal als Imprägnation in Sandsteinen, Schiefern usw., z. B. bei Moschellandsberg in der Pfalz, zu Idria (Jugoslawien), am Mte. Amiata in Toskana, Ciudad Real bei Almaden in Spanien (fördert seit dem Altertum; die größte Hg-Lagerstätte der Welt!), Pola de Lena sdl. Oviedo, Neualmaden (Californien), Nikitowka (an der Nord-Donez-Eisenbahn), aber auch aus Ferghana (Usbekistan, UdSSR); genetisch sind manche Vorkommen noch nicht geklärt. Zinnober dient zur Gewinnung von Quecksilber.

Kupferindig oder Covellin (nach N. Covelli), CuS, dihexagonal-dipyramidal (D_{6h}^4), meist tafelig, vorwiegend derb. Blauschwarz, gerieben indigoblau. Nach der Basis vollkommen spaltbar. H. = 1½—2, D. = 4,68. Sehr starke Dispersion; in Luft blaue Stücke bei Wasserbenetzung violett. Verwitterungsbildung (z. B. Mansfelder Kupferschiefer), hydrothermal abgeschiedenes Erz (Bor in Jugoslawien, Butte in Montana); in großen Massen auf der Insel Kawau (Neuseeland).

Realgar (arab. Rahj al Ghār = Grubenschmand), AsS, monoklin-prismatisch (C_{2h}^5); Kristalle meist klein, oft vertikal gestreift; auch derb, dicht oder körnig. Aus den roten, durch orangegelben Strich charakterisierten Kristallen bildet sich durch Einwirkung von Sonnenlicht erdiges Auripigment, z. T. giftiges Arsenik (As_2O_3). H. = 1½—2, D. = 3,5—3,6. Auf hydrothermalen Erzgängen, bei niedriger Temperatur gebildet; reichlich in Tajowa bei Neusohl (Slowakei), in schönen Kristallen im Dolomit des Binntals, auf Grube „Union" sdl. Oviedo (bei Pola de Lena) in Spanien und in der Luchumsker Lagerstätte am Südabfall des Kaukasus.

Auripigment (lat. aurum = Gold, pigmentum = Farbe), As_2S_3, monoklin-prismatisch (C_{2h}^5); bildet vorwiegend derbe Massen, Kristalle prismatisch. Zitronengelb, durchscheinend, mit starkem Glanz. Nach (010) sehr vollkommen spaltbar, nach (100) deutlich. Härte gering ($1\frac{1}{2}$—2), D. = 3,48. Schmilzt leicht und verbrennt an der Luft unter Entwicklung von Schwefeldioxyd. Vorkommen wie Realgar; erwähnenswert sind Allchar in Mazedonien und Julamerk in Kurdistan.

III. Klasse: Oxide

Diese Klasse umfaßt die Sauerstoffverbindungen des Mineralreiches, aber auch die Hydroxide.

Eis, H_2O. Kristallisiert dihexagonal-pyramidal, C_{6v}^4; die Oberfläche von Flußeis entspricht der Basis, die Hauptsache ist senkrecht dazu. Das Gletschereis ist körnig, und die Körner sind um so größer, in je tieferen Lagen des Gletschers sie sich befinden. Die Schneesterne lassen in ihrer meist sechsstrahligen Gestalt die hexagonale Form erkennen. H. = $1\frac{1}{2}$, D. = 0,9175.

Rotkupfererz (Cuprit), Cu_2O. Kubisch-hex'oktaedrisch. In deutlichen Kristallen, am häufigsten Würfel und Oktaeder; auch haarförmig (dann Kupferblüte oder Chalkotrichit genannt). Derb, körnig. O_h^4, a_0 = 4,27 Å; jedes O-Atom in tetraedrischer Anordnung von 4 Cu-Atomen umgeben. Farbe und Strich hell- bis dunkelrot. Stark glänzend, durchsichtig oder durchscheinend. H. = $3\frac{1}{2}$—4, D. = 6. Gibt, auf Kohle erhitzt, ein Kupferkorn. Entsteht oft aus verschiedenen Kupfererzen in der Oxydationszone; verwittert leicht zu Malachit. Lokal wichtiges Cu-Erz. Vielfach in Chile und Peru, in Bisbee (Arizona), Tsumeb in Südwestafrika; schöne Kristalle von Chessy bei Lyon. Kupferblüte bekannt von Rheinbreitbach und Tsumeb.

Rotzinkerz (Zinkit), ZnO, kristallisiert dihexagonal-pyramidal, C_{6v}^4. Gitter ähnlich Wurtzit. Bildet meist derbe, nach der Basis spaltbare, dunkelkirschrote Massen mit orangegelbem Strich; durchscheinend. H. = $4\frac{1}{2}$—5, D. = 5,5. Kontaktpneumatolytischer Bildung in Franklin Furnace in New Jersey; hier wichtiges Zinkerz.

Korund, (von Sanskr. Kuruwinda oder Tamil. Kurundam), Al_2O_3. Kristallisiert trigonal (ditrigonal-skalenoedrische Klasse). D_{3d}^6. Neben gemeinem Korund (trüb und unrein gefärbt), werden edle Korunde (von schöner Farbe und klarer Durchsichtigkeit) unterschieden, wie Rubin (rot), Saphir (blau), Leukosaphir (farblos) und andere Saphire. Kristalle prismatisch (Fig. 33), pyramidal (Fig. 34), tafelig und rhomboedrisch; tonnenförmig gewölbte und horizontal geriefte nicht selten. Zwillinge nach der Rhomboederfläche. Sehr hart (H. = 9), nach Diamant das härteste Mineral. D. = 4,00. Opt. Daten Tab. I. Keine Spaltbarkeit. Schmelzpunkt 2050° C. Durchsichtig in allen Graden, stark glänzend.

Entstehung vorwiegend in metamorphen Gesteinen, selten pegmatitisch-pneumatolytisch; vorzugsweise erst auf sekundärer Lagerstätte. Rubin und Saphir kommen besonders aus Birma, Siam und Ceylon, wo sie sich in einem körnigen Kalkstein und in Edelsteinseifen finden. Seltener ist der Rubin; fehlerfreie und schön gefärbte Steine sind teurer als Diamant. Auch in Basalten Deutschlands kommen als Einschmelzungsprodukte kleine, aber undurchsichtige Kristalle vor. Manche trübe, meist blaugraue Korunde zeigen auf der Basis, besonders wenn sie gewölbt geschliffen sind, einen sechsstrahligen Stern und heißen darum Sternsaphire; auch Sternrubine kommen vor; der „Asterismus" ist durch eine orientierte Einlagerung von Rutilnädelchen verursacht. Seit 1947 werden in den USA und in Deutschland auch Sternkorunde synthetisiert.

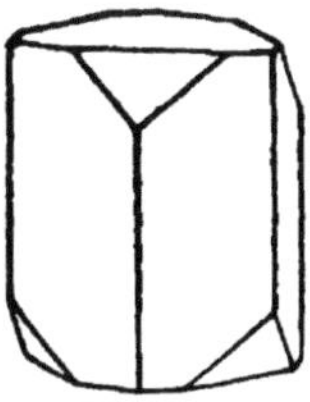

Fig. 33

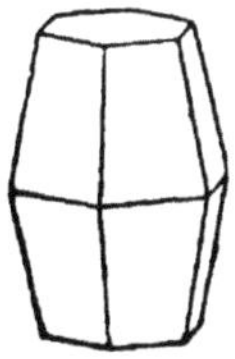

Fig. 34

Rubin und Saphir werden mit allen Eigenschaften natürlicher Steine künstlich (synthetisch) hergestellt, und zwar nach dem Verneuil-Verfahren; die mit dem färbenden Stoff vermischte Tonerde (bei Rubin: Chromoxid; bei blauem Saphir: Eisenoxiduloxid und Titandioxid) wird durch eine Klopfvorrichtung (Fig. 35, 1) in rhythmischen Abständen aus einem Behälter (2) gegen einen in der Heizmuffel (8) befindlichen Chamottestift (9) geklopft. Bevor aber die äußerst fein gemahlenen Tonerdeteilchen den Stift erreichen, schmelzen sie in der Knallgasflamme (4; durch 3 und 5 getrennte Zufuhr von Wasserstoff und Sauerstoff), so daß sich einzelne Schmelztropfen auf dem Stift niederschlagen und dort zur Kristallisation kommen. Als Produkt baut sich eine nach oben wachsende Schmelzbirne (Einkristall!) auf, die der Knallgasflamme langsam entgegenwächst. Birnen bis etwa 6—8 cm Länge. Durch Zusatz von verschiedenen Metalloxiden, einzeln oder gemengt, können der im reinen Zustand farblosen Korundsubstanz auch Farbtöne zukommen, die bei natürlichen Korunden nicht auftreten (Phantasiefarben); so können turmalinfarbiger Saphir (durch Zusatz von Co_2O_3 + V), granatfarbiger Saphir (durch Zusatz von $Cr_2O_3 + TiO_2 + Fe_2O_3$), alexandritfarbiger Korund (durch Zusatz von V) usw. synthetisiert werden (vgl. Tab. V). — Eine Rubinsynthese ist auch auf hydrothermalem Wege gelungen.

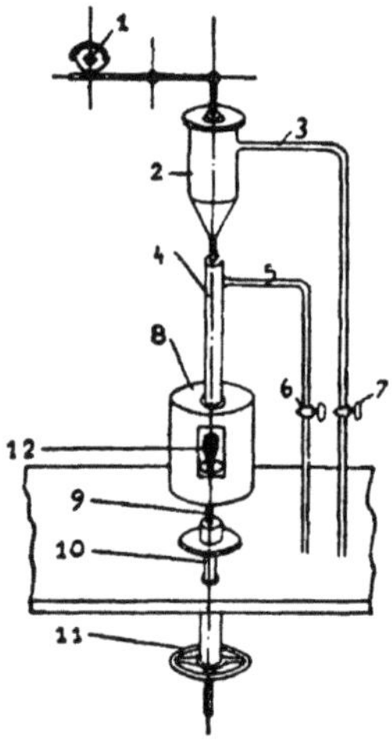

Fig. 35

Körniger Korund wird durch Schmelzen von Bauxit im elektrischen Widerstandsofen hergestellt und entsteht als Nebenprodukt bei dem Goldschmidtschen Thermitverfahren durch Verbrennung von Aluminium; er wird als Schleifmittel und zu Schleifscheiben verwendet, ferner zu feuerfesten Geräten verarbeitet. Rubinkristalle (Rubinstäbe) dienen als Laser-Material zur Erzeugung von Laser-Licht (Laser = Light Amplification by Stimulated Emission of Radiation = etwa „Lichtverstärkung durch erzwungene Strahlenaussendung").

Ein feinkörniger, durch Eisenerze stark verunreinigter Korund, Smirgel (von Smyrna abgeleitet) genannt, kommt von Naxos und aus Kleinasien; er wird als Schleifmittel benutzt, aber in neuerer Zeit durch Karborundum, SiC, ersetzt, das härter und reiner ist.

Eisenglanz (Hämatit, vom griech. hämatikos = blutig), Fe_2O_3, ditrigonal-skalenoedrisch. Tracht tafelig, rhomboedrisch, bipyramidal bis säulig; an den Kristallen herrschen, bei sehr großem Formenreichtum, Rhomboeder oder die Basis vor (Fig. 36). Infolge polysynthetischer Zwillingsbildung nach ($10\bar{1}1$) Dreieckstreifung (Fig. 36). Kristallgitter D_{3d}^6, wie Korund, aber mit diesem nicht mischbar. Die großen Massen sind körnig, schuppig (Eisenglimmer), faserig mit nieriger Oberfläche (roter Glaskopf), derb, erdig, ohne metallisches Aussehen (Roteisenstein) bis völlig dicht (Blutstein) und pulverig (Eisenrahm). Kristalle sind metallisch glänzend, grau bis schwarz, zuweilen bunt angelaufen; die derben Massen wenig glänzend und dunkelrot. Strich immer kirschrot. H. = 5½—6½, D. = 5,2—5,3. Gibt v. d. L., auf Kohle erhitzt, ein magnetisches Korn.

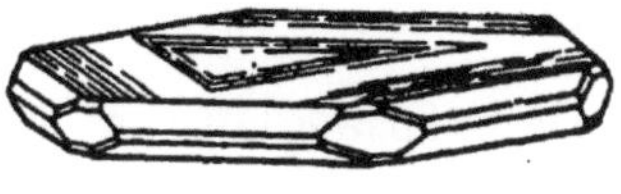

Fig. 36

Wichtiges, weitverbreitetes Eisenerz (Fe-Gehalt zwischen 50—65%) verschiedener Entstehung. Kontaktmetasomatisch bei Altenberg in Sachsen, auf Elba (schöne und flächenreiche Kristalle!), im Banat. Auf alpinen Klüften auch „Eisenrosen" (St. Gotthard). Sublimationsprodukt auf Laven. Hydrothermaler Eisenglimmerbergbau in Waldenstein, Kärnten (Eisenglimmer als Rostschutzfarbe). Eisenglimmer metamorph („Itabirit" Brasiliens; Krivoj Rog in der Ukraine, in präkambrischen eisenhaltigen Quarziten; am Oberen See, USA). Roteisenstein auf Gängen (Elbingerode/Harz) und in schichtigen Lagerstätten; oolithisch in Kussje-Alexandrowsk (mittl. Ural), Alabama, dann Neufundland usw. Im Zusammenhang mit untermeerischem Vulkanismus im Lahn-Dill-Gebiet. Hydrothermale Gänge unter anderen im Siegerland, Horní Blatná (Platten) bei Jáchymov

(Joachimsthal) in Böhmen, bei Rožnava (Rosenau) in der Slowakei. Häufig Umwandlungsprodukt anderer Mineralien; pseudomorph nach Magnetit (sog. Martit). Martiterze unter anderen in einer Reihe großer Magnetitlagerstätten des Urals (z. B. Wyssokaja bei Nishni Tagil).

Dem Eisenglanz in der Form ähnlich ist das

Titaneisen (Ilmenit), $FeTiO_3$; bei trigonal-rhomboedrischer Symmetrie (Gitter ähnlich Hämatit, aber C_{3i}^2) teils rhomboedrisch, teils tafelig. Gewöhnlich eingesprengte Körner von unregelmäßiger Form. H. = 5—6, D. = 4,5—5; um so höher, je mehr Fe_2O_3. Farbe schwarz, fein verriebener Strich braun. V. d. L. unschmelzbar. Gemengteil von Eruptivgesteinen, entmischt und angereichert in Gabbrogesteinen, z. B. bei Ekersund und Bergen in Norwegen; meist mit Magnetit verknüpft. In pegmatitischen Gesteinen (Aschaffenburg, bei Miask [Ilmengebirge; Erstfund! Name Ilmenit], bei Kragerö usw.); auf alpinen Klüften (St. Gotthard); gelegentlich in Sanden [z. B. von der Iserwiese (Jizerská Louka) in Sanden der Iser als „Iserin" in Böhmen].

Titaneisen, das wirtschaftlich wichtigste Titanmineral, dient zur Herstellung von Titanstahl und anderen Legierungen (Ferrotitan), zur Herstellung von Titanweiß; das Tetrachlorid zur Erzeugung künstlichen Nebels, das Sulfat als Beize in der Textilindustrie. Als Eisenerz nicht erwünscht, weil Ti die Schlacken zähe macht; bei grober Verwachsung elektromagnetische Trennung von Magnetit.

Magneteisen (Magnetit), Fe_3O_4 oder $FeO \cdot Fe_2O_3$. Kristallisiert kubisch-hexoktaedrisch, meist als Oktaeder, seltener als Rhombendodekaeder (die Flächen gestreift!). Vorwiegend körnige Massen oder eingesprengt. In losen Körnern: Magneteisensand. Sehr häufig sind Zwillinge nach dem Oktaeder (Fig. 37). Ganz oder teilweise pseudomorphosiert zu Eisenglanz: Martit (vgl. S. 54). Schwarz, metallglänzend. H. = 5½, D. = 5,2. Die Kristalle verhalten sich einem Magneten gegenüber wie weiches Eisen, sie werden angezogen; derbe Massen wirken selbst wie ein Magnet: sie sind natürliche Magnete. Bei Rotglut (etwa 580° C) verschwindet der Magnetismus, stellt sich aber beim Abkühlen wieder ein. Titanomagnetit enthält Titan im entmischten Zustand (als Ilmenit) oder unentmischt. V. d. L. unschmelzbar (Schmelzpunkt 1527° C).

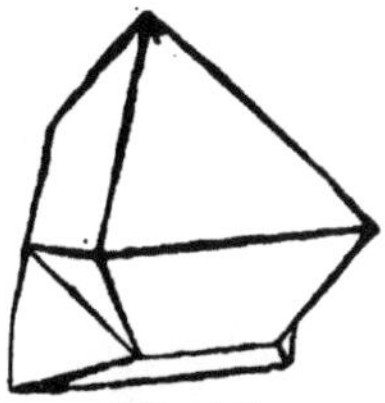

Fig. 87

Sehr verbreitetes und wichtiges Eisenerz. Gemengteil fast aller Eruptivgesteine (Basalt, Diabas usw.) und hier Ausgangssubstanz mancher sedimentärer Eisenerze, wie Kriwoj Rog in der Ukraine (regionalmetamorphosiert!). Differentiate in basischen Magmen meist titanreich (Titanomagnetit) und wenig geschätzt (Taberg in Schweden u. a.), in sauren titanfrei; jene unter Mitwirkung leichtflüchtiger Bestandteile als „Erzmagma“ intrudiert und z. B. die wertvollen Lagerstätten Nordschwedens, reich an Apatit, gebildet (Kirunavaara, Luossavaara, Gellivaara usw.). In Finnland ist die Grube Otanmäki (auch Ilmenit führend) bemerkenswert. Auch kontaktpneumatolytisch (Berggießhübel in Sachsen, Schwarze Crux bei Schmiedefeld a. Rennst. in Thüringen, vielfach im Banat usw.); auf Kontaktlagerstätten die magnetischen Skarnerze (mit eisenreichen Silikaten) von Mittelschweden und Südfinnland. Kontaktmetasomatisch im südlichen Ural (Magnitnaja Gora). Hydrothermal auf Zinnerzgängen und alpinen Klüften. In metamorphen Gesteinen und kristallinen Schiefern (schöne Kristalle im Chloritschiefer der Tiroler Alpen) u. a. zusammen mit Hämatiterzen im Gebiet des Oberen Sees (USA), sowie in kontaktmetamorphen Zonen (im Siegerland aus Spateisen durch Basaltkontakt usw.). Magnetit verwittert zu Limonit, seltener zu Hämatit.

Magnetit gehört zu den Mineralien der Spinell-Gruppe, die kubisch-hex'oktaedrisch kristallisieren. Kristallgitter: Fig. 38; O = • (Al = ∘) an den gemeinsamen Ecken von Würfel und Tetraeder (zweier Würfel). Mg (nicht einge- zeichnet) im Mittelpunkt der Tetraeder. O_h^7.a_0 = 8,391 Å für Magnetit. Allgemeine chemische Formel: $M''O \cdot M'''_2 O_3$ bzw. $M''M'''_2O_4$; M'' = Fe, Mg, Mn, Zn; M''' = Al, Fe, Cr, Mn.

Fig. 38

Spinell (lat. spina = Spitze, nach den spitzen Kristallen), $MgO \cdot Al_2O_3$ bzw. $MgAl_2O_4$, in vielen Farben, vor allem rot; durchsichtig. H. = 8, D. = 3,6. Lichtbrechung 1,72—1,77. Kristallisiert, wie Magnetit, in Oktaedern und in Zwillingen nach dem Oktaeder (Spinellgesetz; Fig. 37). a_0 = 8,10 Å. Als charakteristisches Kontaktmineral namentlich in körnigen Kalken und Dolomiten; ein Begleitmineral der Korunde. Meist lose in Seifen, z. B. Ceylon, Oberbirma, Siam. Rote und andere Spinelle sind als Edelstein geschätzt.

Die synthetische Herstellung von Spinell in allen Farben und vielen Farbnuancen ist nach dem Verneuil-Verfahren (vgl. S. 51) in hohem Grade gelungen. Der synthetische Spinell ist, mit Ausnahme des roten, stets reicher an Al_2O_3 ($MgO : Al_2O_3$ bis 1:5); mit zunehmendem Tonerdegehalt steigt die Dichte bis zu 3,78.

Der hohe Schmelzpunkt von Spinell (2135°C) führt zur Herstellung von Tiegeln aus synthetischem Material.

In olivinreichen Gesteinen und Auswürflingen tritt ein chromhaltiger Spinell (Picotit, nach dem franz. Naturforscher Philippe Picot de Lapeyrouse) der Formel $(Fe, Mg) \cdot (Al, Cr, Fe)_2O_4$ auf. D. = 4,1. Farbe schwarz.

Der Zinkspinell (Gahnit, nach dem schwed. Chemiker J. G. Gahn), $ZnAl_2O_4$, schwarzgrünlich bis dunkelgrün, D. = 4,55, ist ein metamorphes Mineral in Granatcordieritgneisen Schwedens, in Zinnerzen von Orijärvi, in Talkschiefern von Falun, auf der kontaktmetasomatischen Zn-Lagerstätte Franklin in New Jersey u. a. O. Neben Magnetkies in Bodenmais (Bayern). In Diamantseifen von Minas Geraes.

Für die in metamorphen Kalken eingelagerten Zinkerzlagerstätten bei Franklin in New Jersey ist der Franklinit $(Zn, Mn'')\cdot(Fe''', Mn''')O_4$ kennzeichnend. H. = 6—6½, D. = 5,0—5,2. Eisenschwarz, in dünnsten Splittern tiefrot. Wichtiges Zinkerz.

Chromeisenstein, (Chromit), $FeO \cdot Cr_2O_3$ bzw. $FeCr_2O_4$, bildet derbe, körnige Massen von pechschwarzer Farbe mit braunem Strich. Kubisch-hex'oktaedrisch. Kristalle selten. $a_0 = 8{,}34$ Å. Spinellgitter. H. = 5½, D. = 4,5—4,8. V. d. L. unschmelzbar. Die erkaltete Boraxperle ist smaragdgrün.

Einziges Chromerz von Bedeutung. Magmatisches Mineral olivinreicher Gesteine und ihrer Umbildungsprodukte (wie Serpentin). Vorkommen zahlreich, wie Grochau in Schlesien, im Serpentin von Kraubath (Steiermark), in Norwegen, in der Türkei (am bedeutendsten der Gulemanbezirk in Ostanatolien), in Jugoslawien, Selukwe in Südrhodesien (größtes Produktionsgebiet!) u. a. O. Dient zur Darstellung der Chrompräparate (Mineralfarben) und des metallischen Chroms, das u. a. als Zusatz zu Stahl (Chrom-Nickel- und Chrom-Wolfram-Stähle), zu feuerfesten Steinen, zur Herstellung von Chromsalzen und zur galvanischen Verchromung (als Korrosionsschutz) benutzt wird.

Hausmannit, nach dem Mineralogen J. F. L. Hausmann (1782—1859), Mn_3O_4, ditetragonal-dipyramidal. Gitter (D_{4h}^{19}) spinellähnlich. Kristalle stets pyramidal (pseudooktaedrisch). Zwillinge häufig. H. = 5½, D. = 4,7—4,8. Eisenschwarz, Strich braun. Mit Manganerzen, vor allem zusammen mit Braunit, z. B. Ilfeld im Harz, Elgersburg und Öhrenstock im Thüringer Wald, dann Långban (Schweden), Sapalsk bei Nishni Tagil usw.

Chrysoberyll (griech. chrysos = Gold und beryllos = Beryll), $BeO \cdot Al_2O_3$ bzw. $BeAl_2O_4$. Rhombisch-dipyramidal (pseudohexagonal), Kristalle olivinähnlich (Fig. 90). Struktur (D_{2h}^{16}) mit BeO_4-Gruppen analog Olivin. Häufig herzförmige Zwillinge, dann Durchkreuzungsdrillinge (hexagonale Symmetrie vortäuschend, Fig. 39). Gelbgrün bis smaragdgrün. Nach Korund das härteste Mineral (H. = 8½), D. = 3,73. Die Abart Alexandrit (häufig in Drillingen) ist bei Tageslicht grün, bei Lampenlicht rot; ihr Hauptvorkommen in den Smaragdgruben an der Takowaja im Ural. Die synthetischen Alexandrite sind alexandritfarbige Korunde oder Spinelle! Das Chrysoberyll-Katzenauge hat durch Einlagerung zahlreicher hohler Kanäle parallel zur Hauptachse einen wogenden Lichtschein, der bei mugelig geschliffenen Steinen (Cabochons) zu einer Lichtlinie wird; auf den Saphirvorkommen von Ceylon, aber auch im Marambaia-Distrikt in Brasilien vorkommend.

Fig. 39

Bildung in Pegmatiten und kontaktpneumatolytisch in Glimmerschiefern, lose in Edelsteinseifen (auf Ceylon und Madagaskar). Wertvoller Edelstein!

Perowskit — nach dem russ. Mineralogen von Perowski — $CaTiO_3$, nach der äußeren Form kubisch, jedoch nur pseudokubisch; ist aus monoklinen Lamellen aufgebaut. Kristalle meist würfelig und wie beim Pyrit (vgl. Fig. 14) gestreift. H. = 5½, D. = 4,0. Nach dem Würfel deutlich spaltbar. V. d. L. unschmelzbar. Gewöhnlich undurchsichtig und schwarz. Lichtbrechung n = 2,34. Ein- oder aufgewachsen in Chloritschiefern (Pfitsch in Tirol, bei Zermatt). Auch in manchen magmatischen Magnetitdifferentiaten (Vuorijärvi, Finnland). Kontaktmetasomatisch im Rayon Slatoust (Ural). Ein Perowskit mit 4—5% Cererde ist Knopit (in metamorphen Kalken von Alnö).

SiO_2 kennt man in mehreren Modifikationen, die in folgender Tabelle schematisch mit den Umwandlungstemperaturen zusammengestellt sind.

Modifikationen von SiO_2 und ihre Umwandlungstemperaturen.

β-Quarz ⇄ α-Quarz
(Tiefquarz) 573° (Hochquarz)

↓↑ 870°

γ-Tridymit ⇄ β-Tridymit ⇄ α-Tridymit
(Tieftridymit) ~ 117° (Mitteltridymit) ~ 163° (Hochtridymit)

↓↑ 1470°

β-Cristobalit ⇄ α-Cristobalit
(Tiefcristobalit) ~ 200° (Hochcristobalit)

↓↑ 1720°

SiO_2-Schmelze
(Kieselglas)

Unter den gewöhnlichen Bedingungen sind metastabil: Keatit (tetragonal-trapezoedrisch), Coesit (monoklin-prismatisch) und Stischowit (ditetragonal-dipyramidal) (vgl. S. 66).

Eigenschaften der SiO_2-Modifikationen.

Modifikation	Symmetrie	Raumgr.	Dichte	n für Na-Licht
β-Quarz (Tiefquarz)	trig.-trapezoedr.	D_3^4, D_3^6	2,651	n_ω 1,54425 n_ε 1,55336
α-Quarz (Hochquarz)	hexag.-trapezoedr.	D_6^4, D_6^5	2,518*)	n_ω 1,5328**) n_ε 1,5404
α-Tridymit	hexag.-holoedr.	D_{6h}^4	2,3	
β-Tridymit				
γ-Tridymit	rhomb.-holoedr.	D_{2h}	2,26	n_α 1,469 n_β 1,469 n_γ 1,473.
α-Cristobalit	kub.-holoedr.	O_h^7		
γ-Cristobalit	tetrag.-trapezoedr.	D_4^4, D_4^8	2,32	n_ω 1,487 n_ε 1,484

*) bei 600° C **) bei 580° C Kieselglas: D. = 2,203, n = 1,4588

Quarz, SiO_2, als Tiefquarz (unterhalb 573°) trigonal-trapezoedrisch. Kristalle begrenzt vom Prisma, dessen Flächen horizontal gestreift sind (Fig. 40), und von einer scheinbaren Bipyramide, deren Flächen aber, wenn auch kaum bemerkbar, physikalisch als zwei Rhomboeder $(10\bar{1}1$ und $01\bar{1}1)$ zu deuten sind; die Verschiedenheit kann durch Unterschiede in der Größe (Fig. 41a und b), im Glanz und manchmal in der Färbung hervortreten. Die Kombination des sechsseitigen Prismas mit der scheinbaren Bipyramide ist die häufigste von allen (Fig. 40). Hierzu treten manchmal über den Kanten vom Prisma rhombenförmige (s) und trapezförmige (x) Flächen (vgl. Fig. 41a und b) auf; letztere

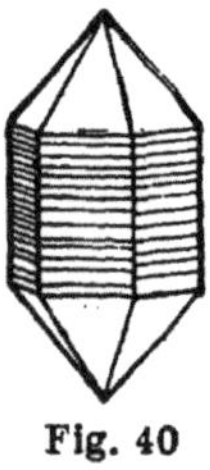
Fig. 40

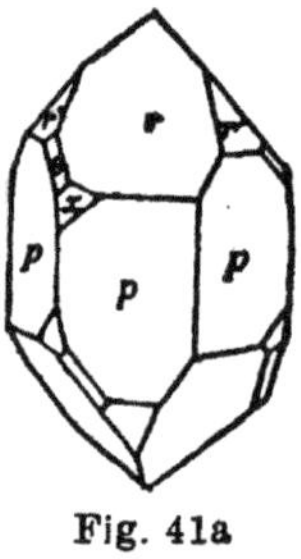

Fig. 41a

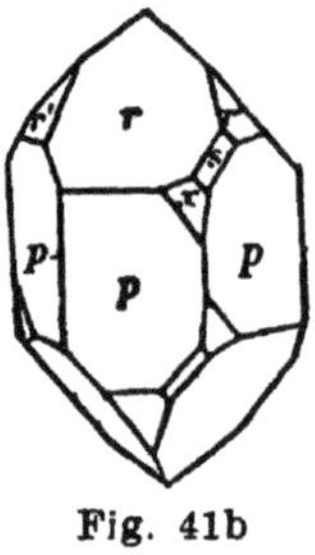

Fig. 41b

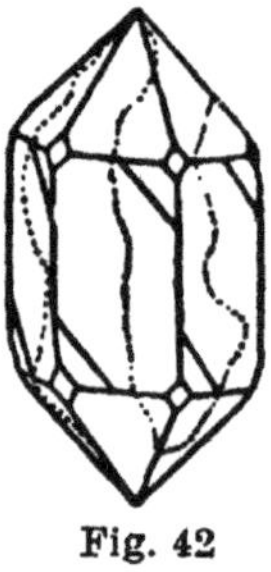
Fig. 42

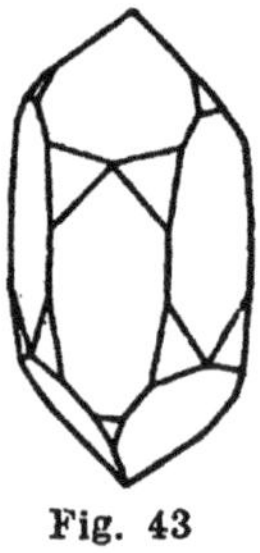
Fig. 43

gehören einer dihexagonalen Bipyramide an, die aber nur mit dem vierten Teil ihrer 24 Flächen auftritt und die für sich ein Trapezoeder ergibt. Quarz kristallisiert daher tetartoedrisch, in der trapezoedrischen Tetartoedrie. Die Rhombenflächen sind Halbflächner einer Bipyramide zweiter Stellung und würden für sich allein eine dreiseitige, trigonale Bipyramide bilden. Eine häufige Kombination ist in Fig. 41a und b abgebildet mit Prisma p $(10\bar{1}0)$, Rhomboedern r und r′ $(10\bar{1}1)$ und $(01\bar{1}1)$, trigonaler Bipyramide s $(11\bar{2}1)$ und Trapezoeder x $(51\bar{6}1)$.

Die Rhomben- und Trapezflächen treten an einfachen Kristallen nur an den abwechselnden Ecken auf; wenn die Trapezflächen rechts (links) über den Prismenflächen liegen, so ist der Kristall, wie in Fig. 41a (b) ein linker (rechter). Sobald die Trapezflächen an aufeinanderfolgenden Ecken vorliegen, sind die Kristalle Zwillinge: Dauphinéer, Verwachsung von zwei rechten (Fig. 42) oder zwei linken; Brasilianer, Verwachsung von einem rechten mit einem linken (Fig. 43). Japaner-Zwillinge haben eine Verwachsung zweier Kristalle mit fast rechtwinkelig zueinander geneigten Achsen (84°30′). Unverzwillingte Kristalle sind in der Natur äußerst selten (synthetische sind vorwiegend unverzwillingt).

Quarz bietet unter den Mineralien das beste Beispiel für Zirkularpolarisation, wie Kalkspat für die Doppelbrechung; während man diese mit bloßem Auge erkennen kann, ist die Zirkularpolarisation erst mit einem Polarisationsinstrument und nur in Platten senkrecht zur Achse wahrzunehmen. Rechte Kristalle drehen die Ebene des polarisierten Lichtes in der Richtung der Hauptachse nach rechts; linke drehen sie nach links. Der Bergkristall stellt weiter ein technisch bevorzugtes Beispiel für die Piezoelektrizität (d. h. elektrische Aufladung durch Pressung) dar (Piezoquarze) (s. S. 62).

Quarz ist durchsichtig bis undurchsichtig, farblos und gefärbt (gelb, braun, rosa, violett). Glasglänzend. H. = 7, D. = 2,65. Die optisch einachsigen, positiven Kristalle haben $n\omega = 1{,}5442$, $n\varepsilon = 1{,}5533$ (für Na-Licht). Sehr widerstandsfähig gegen Säuren; wird nur von Flußsäure gelöst, ist aber bisweilen doch mit natürlichen Ätzfiguren bedeckt. Außer in deutlichen Kristallen auch körnig, faserig usw.

Quarz ist nach den Feldspäten das häufigste und verbreitetste Mineral. Gemengteil in allen drei Abfolgen der Mineral- und Gesteinsbildung, also in Eruptiv- und Sedimentgesteinen sowie in kristallinen Schiefern. Wichtiger Bestandteil von Gängen und Mineralvorkommen verschiedenster Genesis; durch seine Härte und Schwerlöslichkeit in Sanden und Geröllen angereichert. Pseudomorph nach vielen Mineralien. Versteinerungsmittel. Auf Lagerstätten sowohl magmatisch, als auch ein Produkt pegmatitisch-pneumatolytischer wie hydrothermaler Phasen; hierbei sowohl primär als auch sekundär. Kristalle vor allem in Drusen und auf Gängen.

Nach Farbe und Aussehen unterscheidet man: Bergkristall, farblos, oft mit Einschlüssen anderer Mineralien. Auf Klüften und in Hohlräumen (Kristallkellern) in den Alpen, bei Striegau in Schlesien; im Marmor von Carrara; in Brasilien, Japan, auf Madagaskar; als Geschiebe im Rhein (Rheinkiesel). Die klaren Kristalle werden geschliffen und als Schmuckstein verwendet, auch zu feinen Gewichten, Petschaften u. dgl. verarbeitet; in der Radiotechnik benutzt. Piezoquarze (s. S. 61) werden zur Steuerung elektr. Schwingungen (z. B. in der Quarzuhr) sowie zur Erzeugung von Ultraschall verwendet. Rauchquarz, hell- bis dunkelbraun; besonders in den Alpen. Dunkelbrauner, fast schwarzer Rauchquarz heißt Morion (griech. moróeis = dunkel), gelber Citrin (vielfach durch Erhitzung aus Amethyst künstlich hergestellt und fälschlich als „Topas“ bezeichnet!). Amethyst (griech. amethystos = unberauscht, Amulett gegen Trunksucht) ist violett, wird aber durch Brennen gelb; kommt u. a. mit Achat in den Blasenräumen von Eruptivgesteinen (Melaphyrmandelsteinen) vor, so bei Idar-Oberstein an der Nahe; wichtig ist das Vorkommen bei Brejinho im Südwesten von Bahia, und zwar in Adern und Höhlen eines sandigen Quarzgesteins, neu ein solches westl. von Teofilo Otoni in Minas Geraes in Brasilien; in Uruguay liegen die Fundstellen in verschiedenen Provinzen, auf Madagaskar bei Betafo (allererste tiefviolette Qualität); auch Ceylon liefert sehr feine Amethyste. Gelegentlich auf manchen Erzgängen beobachtet. — Der klare Amethyst gibt einen sehr geschätzten Edelstein, der um so wertvoller, je dunkler er ist; der gelbe, gebrannte Amethyst heißt im Edelsteinhandel häufig Topas (auch Goldtopas); diese Bezeichnung ist abzulehnen; zur Unterscheidung wird gelegentlich der zum Mineral Topas (S. 118) gehörende Schmuckstein Edeltopas genannt. Bemerkenswert ist ein Amethyst von Montezuma, Rio Pardo-Distrikt, Minas Geraes (Brasilien), der durch Brennen grün wird und dann die Bezeichnung Prasiolit (span. prasiolita = grüner Stein) führt.

SiO_2 schmilzt bei 1715° C und erstarrt zu Glas. Aus diesem Quarzglas werden Glasgeräte geblasen, die gegen plötzliche und starke Temperaturänderung äußerst unempfindlich sind. Quarzglas ist wie Bergkristall für ultraviolette Strahlen in hohem Grade durchlässig, daher Verwendung zu Quarzlampen und

Höhensonnen. Die Synthese von Quarz, auch in größeren Kristallen, ist gelungen.

„Gemeiner Quarz" ist meist trüb, wenig durchsichtig, weiß oder gefärbt. Fett- bis Glasglanz. Er ist wesentlicher Gemengteil vieler Gesteine (Granit, Gneis, Quarzporphyr, Sandstein u. a.). Modellartige Kristalle mit hexagonalem Habitus z. B. aus verkieselten Kalken von Suttrop-Warstein in Westfalen. Besondere Varietäten werden nach Form, Farbe und Fundort unterschieden. Gangquarz stellt das Ausfüllungsmaterial von großen und kleinen Gängen dar. Szepterquarz hat das obere Ende der Prismen knopfartig verdickt; Kappenquarz besitzt schalig gebaute, leicht ablösbare Wachstumszonen. Durch charakteristische Ausbildung ausgezeichnet sind weiter: der strahlige Sternquarz, der Faserquarz mit dem goldgelben Tigerauge (verkieselte feinfaserige Hornblende, Krokydolith) und dem blauen Falkenauge (Quarzaggregat mit eingelagerten blaugrünen Hornblendefasern), z. B. aus Südafrika, das Asbestfasern umschließende Katzenauge (von Ceylon). In derber Ausbildung ist erwähnenswert der weiße Milchquarz, der rosenrote Rosenquarz, der bläulich gefärbte Saphirquarz, der lauchgrüne Prasem (eingelagerte Hornblendenädelchen). Der Eisenkiesel stellt durch Rot- oder Brauneisen gelb, braun oder rot gefärbte Quarzkristalle (auch derb) dar (z. B. Sundwig bei Iserlohn), während der Aventurinquarz durch eingeschlossene Glimmerblättchen schillernd und flimmernd erscheint.

Tiger- und Katzenauge werden zu Schmuckzwecken in Platten oder Cabochons geschliffen. Rosenquarz, dessen Hauptvorkommen in Brasilien und Madagaskar — neuerdings auch in den USA — liegt, wird nur in kräftiger gefärbten Stücken als Schmuckstein und für kunstgewerbliche Zwecke benutzt; für letztere kommt auch Aventurinquarz zur Verwendung.

Als **Chalcedon** (griech. Chalkedon, Name einer Stadt am Bosporus. Herkunftsort oder Handelsplatz?) werden die durchscheinenden, wachsartig glänzenden, oft glaskopfartigen bis traubigen Ausbildungen der Kieselsäure bezeichnet, die aus Opal (Kieselsäuregel) zur Entstehung kamen; sie sind sehr feinfaserig, fast dicht, mit splittrigem Bruch. D. um 2,60, also niedriger als beim homogenen Quarzkristall, weil porös. Infolge dieser Porosität ist Chalcedon mit Farblösungen tränkbar, kann also künstlich gefärbt werden. Traubiger Chalcedon in vielen Basalthohlräumen (Faröer, Island, Weitendorf in der Steiermark u. a.). Nach der Farbe werden unterschieden: der blutrote Karneol (lat. caro,

—nis = Fleisch), der apfelgrüne Chrysopras — griech. chrysos = Gold, prason = Lauch — (z. B. aus Frankenstein in Schlesien), der braune bis braunrote Sarder (griech. Sardion, Stein von Sardis, Kleinasien). Moosachat und Mokkasteine sind Chalcedon mit moosähnlichen Einschlüssen. Am wichtigsten ist der

Achat (nach dem Fluß Achates auf Sizilien): Er besteht aus vielen Lagen von verschiedenfarbigem Chalcedon, verursacht durch lagenweisen Wechsel der Struktur und durch rhythmische Fällung der eingedrungenen Farbpigmente (nach LIESEGANG). Die roten und schwarzen Farben sind meist künstlich hervorgerufen; rot durch Beizen mit einem Eisensalz und nachfolgendem Brennen, schwarz durch Behandlung mit Honig und Schwefelsäure. Manche Schichten von Achat sind nämlich porös, andere nicht; wird nun Achat in Honig gelegt, so dringt dieser in die porösen Schichten ein; durch konzentrierte Schwefelsäure wird hierauf der Honig im Innern des Steines verkohlt, und die vorher unansehnlichen grauen Schichten werden tiefschwarz, während die nicht porösen in der Farbe unverändert bleiben. Auch färbt man grün durch Chromverbindungen, blau durch Berlinerblau. Achat findet sich besonders in den Blasen von Eruptivgesteinen, die Achatmandeln bildend; so bei Idar-Oberstein an der Nahe in fleischfarbigen und blaßvioletten Tönen (erschöpft, nur für Sammlerzwecke noch Bedeutung!), im Fischbachtal unweit Oberstein, in Südbrasilien (z. B. Serra do Mar) und Uruguay. Als Gangfüllung sind die Achate von Halsbach bei Freiberg und von Schlottwitz im Müglitztal in Sachsen (hier sog. Trümmerachat) erwähnenswert. Bei Onyx (griech. onyx = Fingernagel) ist die Bänderung schwarz und weiß, bei Sardonyx rot bis braun und weiß; beide werden seit alter Zeit zu Gemmen und Kameen verschliffen. Als Enhydros (griech. en = in, hydor = Wasser) werden teilweise noch mit Wasser gefüllte, geschlossene Achatmandeln (aus Uruguay z. B.) bezeichnet. Undurchsichtiger, meist intensiv gefärbter Chalcedon wird

Jaspis (griech. iaspis, ein Wort oriental. Ursprungs) genannt; zu ihm rechnet der dichte Feuerstein, der sich in Knollen, oft in der Schreibkreide findet, flachmuscheligen bis splittrigen Bruch hat und meist grau, seltener gelb oder rot gefärbt ist; manchmal auch gebändert. Der Feuerstein wurde in der Urzeit zu Steinwerkzeugen, später zum Feueranschlagen (mit Schwefelkies, später Stahl und Zunder) und als Flintstein benutzt. Findet sich besonders in der Kreide auf Rügen, in Frankreich, England usw.; als Gletschergeschiebe im nördlichen Deutschland weit verbreitet.

Hornartigen Bruch hat der Hornstein; häufig bei Verkieselung von Trachyten und deren Tuffen gebildet und Versteinerungsmittel von Hölzern. Schön gefärbte Abarten von Jaspis sind u. a.: Plasma — griech. plasma, vielleicht aber von prasma = lauchgrün — (lauchgrün), Heliotrop — griech. helios = Sonne, tropos = Wendung — (dunkelgrün mit blutroten Tupfen). Auch der aus dichtem Quarz mit Opalresten bestehende sedimentäre Kieselschiefer [schwarz: Lydit (aus dem alten Lydien in Kleinasien) oder Probierstein] gehört zu Jaspis, während die meisten Band-, Porzellan- und Basaltjaspise zu den Gesteinen (gefritteten Tonen, verkieselten Tuffen usw.) gerechnet werden müssen.

Quarz, SiO_2, als Hochquarz (oberhalb 573° C) hexagonal-trapezoedrisch. Kristalle nur Bipyramide mit schmalem Prisma. Die Umwandlung von Tiefquarz zu Hochquarz (vgl. S. 59) erfolgt durch eine sprunghafte Änderung verschiedener physikalischer Eigenschaften bei 573° C; bei Abkühlung erfolgt bei gleicher Temperatur die Rückbildung in Tiefquarz. Die Form bleibt dieselbe; darauf gründet sich die Anwendung des Quarzes als ein „geologisches Thermometer".

Tridymit (griech. tridymos = dreifach) ist ebenfalls SiO_2 (vgl. S. 59) mit D. = 2,3. Er bildet als unterhalb 870° C stabiler Hochtridymit kleine graulichweiße, sechsseitige, durch Zwillingsbildung (vorwiegend Drillinge, Name!) oft fächerförmig verwachsene Täfelchen pneumatolytisch-exhalativer Bildung in den Poren und Blasenräumen vulkanischer Gesteine, z. B. im Trachyt des Siebengebirges, der Oststeiermark, der Euganeen usw. Eine andere Kristallart der Kieselsäure ist

Cristobalit (vgl. S. 59); kleine weiße Oktaeder der unterhalb 1470° C stabilen Hochcristobalit-Modifikation in Blasenräumen vulkanischer Gesteine, z. B. San Cristobal (Mexiko), Blaue Kuppe bei Eschwege, Niedermendig am Laacher See. D. = 2,32. (Opt. Daten in Tab. I und S. 59).

Aus Quarzit hergestellte feuerfeste Steine gehen nach längerem Gebrauch in Tridymit und Cristobalit über; die

Steine „wachsen" durch den Übergang in die spezifisch leichtere Art; so haben diese beiden in der Natur seltenen Mineralien für die Technik eine gewisse Bedeutung erlangt. Sie sind auch Entglasungsprodukte von Gläsern.

Als „Hochdruck-Hochtemperatur-Synthesen" von SiO_2 sind bekannt:

Keatit, erstmalig von P. P. Keat synthetisiert, tetragonal-trapezoedrisch, spez. Gew. 2,50 (gem.), synthetisiert zwischen 380—585° C und 350—1260 at.

Coesit, nach Loring Coes, Jr., dem Erstsynthetiker dieser Modifikation; monoklin-prismatisch, spez. Gew. 2,93 ± 0,02, $n\alpha$ 1.593, $n\gamma$ 1.597, 2 V = 64°, synthetisiert zwischen 500—800° C und 35,000 at. (bei 15stündiger Dauer der Synthese). — Vorkommen im Meteorkrater von Arizone, im Nördlinger Ries (Bayern) u. a. meteorischen Kratern.

Stischowit, nach dem russischen Mineralogen S. M. Stischow, der es als erster synthetisierte, ditetragonal-dipyramidal, spez. Gew. 4,35 (gem.), synthetisiert zwischen 1200—1400° C und 158000 at (durch Justierungsfehler ist dieser Wert wahrscheinlich um 30% zu hoch!). Erhitzen in Luft bei 900° C führt zur Umwandlung in Cristobalit. Stischowit ist das bislang einzige Mineral — erstmalig in teilweise geschmolzenem Granit-Einschluß in Suevit von Otting (Nördlinger Ries) beobachtet — in dem jedes Si von sechs O in der Form eines Oktaeders umgeben ist.

Opal (wahrscheinlich von ind. upala = Stein), $SiO_2 \cdot nH_2O$; wasserhaltige Kieselsäure; amorph, die natürliche Oberfläche ist gerundet, traubig, nierenförmig. Durchsichtig bis undurchsichtig, farblos oder gelblich und graulich. H. = 5½—6½, D. = 2,1—2,2. Bildet sich bei der Zersetzung von Silikaten und jungvulkanischen Gesteinen, von Serpentin, beim Absatz heißer Quellen (Kieselsinter). Konkretionär aus kieselhaltigen Sedimenten (Feuersteine der Kreide). Auch die aus Diatomeenpanzern bestehende Kieselgur ist Opalmasse. Abarten:

Edelopal, durchscheinend, weißlich oder gelblich, blau, auch schwarz, mit sehr lebhaftem buntem Farbenspiel, am stärksten bei dem sog. schwarzen Opal, der ein wertvoller Edelstein ist. Australien ist das wichtigste Land für die Opalgewinnung (Neusüdwales und Queensland), dann Mexiko (Esperanza im Staate Queretero); die früher sehr geschätzten Vorkommen der Edelopale in Ungarn sind erschöpft. Der Feueropal ist hell- und dunkelfeuerrot bis bernsteinfarben, durchsichtig, hat ebenfalls eine Verwendung als Schmuckstein; er ist durch eisenoxidische Beimengungen gefärbt; wichtige Fundorte in Mexiko (Zimapan und Queretero). Hyalith (griech. hyalos = Glas), wasserhell und glasglänzend, findet sich in Basalt, wie im Kaiserstuhl, Steinheim bei Hanau usw. Holzopal, durch Opalsubstanz versteinertes Holz (z. B. in der Umgebung des Siebengebirges); Jaspopal ist undurchsichtig, ziegelrot oder braun gefärbt; Kacholong dagegen weiß, porzellan- und emailartig.

Opal geht häufig in Chalcedon oder Quarz über.

Uraninit (Uranpecherz, Pechblende), $(U, Th)O_2$ (mit UO_3), enthält als radioaktive Zerfallsprodukte Blei (die Isotope Pb^{206}, Pb^{207} und Pb^{208}) und Helium, vor allem aber Radium, das vorzugsweise aus diesem Mineral in nennenswerter Menge gewonnen wird. Meist zerstörter Gitterbau, also stark isotropisiert, doch Reste von UO_2 im Fluoritgitter (vgl. Fig. 53), O_h^5, nachweisbar. $a_0 = 5{,}449$—$5{,}540$ Å. Kristalle (würfelig oder oktaedrisch) nur in Pegmatiten, vorwiegend derb mit nierenförmigen Fließformen (Uranpech), auch pulverige Massen (Uranschwärze). Schwarz bis grünlichschwarz, pechglänzend. Stark radioaktiv! H. = 4—6, D. = 9,0—10,6. Von wirtschaftlicher Bedeutung sind die hydrothermal gebildeten Vorkommen des sächsisch-böhmischen Erzgebirges (Jáchymov = Joachimsthal u. a.), im Wölsendörfer Flußspatgebiet, bei Leon in NW-Spanien, am Großen Bärensee in Kanada, in Kasolo und Shinkolobwe in Katanga (Kongo-Republik). — Gangförmiges Auftreten in den Wolfram-Zinngebieten von Vizeu und Beira (Nordportugal), bei Weißenstadt (Fichtelgebirge) in Kluftzonen von Granit, vor allem aber im Feldberggebiet (Schwarzwald) bei Menzenschwand (Barytgang im roten Granit mit Quarz, Stinkspat, Pyrit und Roteisenerz sowie dichte schwarze

Pechblende, eingelagert in Baryt); letztere innerhalb Westeuropas eine der reichsten Uranlagerstätten (ungefähr 1,4% U_3O_8), aber noch nicht im Abbau. Das Uran der Schwandorfer Braunkohle stammt aus Graniten der Oberpfalz (Bayern), das von Ellweiler bei Idar-Oberstein aus verwitterten Porphyren im Nahetal. — Bemerkenswert ist das Vorkommen von Uranpecherz (zusammen mit Gold) in den Konglomeraten des Witwatersrandes, Transvaal (Südafrika), ebenso das am Nordufer des Huronsees im Blind River-Gebiet, Kanada. Mit Silber-, Kobalt- und Wismuterzen beobachtet bei Wittichen in Baden (Schwarzwald). — Pegmatitisch (mit charakteristischem Th-Gehalt) in Norwegen, Schweden (Närke und Västergötland), in Ostafrika usw.

Uranpecherz wird in der Oxidationszone leicht zersetzt und bildet das Ausgangsmaterial für eine große Zahl verschiedener exogener Uranmineralien; entsprechend den Verwitterungsbedingungen, der chemischen Zusammensetzung der begleitenden Primärerze und der Oberflächenwässer entstehen verschiedene Hydroxide, Sulfate, Karbonate, Uranvanadate, Uranphosphate und Uransilikate. Diese Sekundärmineralien haben meist intensive gelbe, orange oder grüne Farben (s. Tab. III).

Pechblende und ihre Verwitterungsprodukte liefern das Rohmaterial zur Gewinnung von Uran, Radium, der künstlichen Transurane und ihrer Spaltungsprodukte für Reaktorprozesse und Kernwaffen. Uranoxid selbst wird u. a. zur Herstellung von fluoreszierendem Glas, zu Leuchtfarben, in der Photographie, für gewisse säurefeste Legierungen usw. gebraucht.

Zinnstein (Kassiterit), SnO_2. Kristallisiert ditetragonal-dipyramidal, D_{4h}^{14} (Gitter wie Rutil, Fig. 47). Habitus und Tracht sind durch die Art der Bildung bestimmt; pegmatitischen Zinnstein charakterisiert die Dipyramide (111); pneumatolytischer ist meist gedrungen kurzsäulig (Fig. 44) und fast immer nach (101) verzwillingt; die an ein Visier erinnernden Zwillinge, auch beim pegmatitischen Typus beobachtet, werden Visiergruppen genannt (Fig. 45); hydrothermal gebildeter Zinnstein erscheint oft langnadelig (Nadelzinn). .Auch körnige und faserige Aggregate (Holzzinn). Farbe braunrot bis schwarz, ausnahmsweise farblos; kaum durchscheinend; Glanz sehr stark. H. = 6—7, D. = 6,8—7,1. V. d. L. unschmelzbar. Wird das feine Pulver auf Kohle mit Zyankalium geschmolzen, so scheidet sich Zinn in feinen Flitterchen aus. — Findet sich in Pegmatiten saurer Eruptivgesteine (Hinterindien, Kongo, Sawita südöstl. des Baikalsees, Bolivien), auf pneumatolytischen Gängen und Imprägnationen, z. B. im böhmisch-sächsischen Erzgebirge in „Greisen", einem pneumatolytisch veränderten Granit; in Cornwall; vor allem aber (auch in weit verbreiteten Seifen) in den hinterindischen Gebirgen von Yünnan bis zu den malayischen Inseln Banka und Billiton, in Tasmanien, Südwestafrika (Usakos), Bolivien usw.; auch in kontaktpneumatolytischen Verdrängungen, wie Pitkäranta u. a. O. Seifenzinn in allen Zinngebieten in abgerollten Körnern.

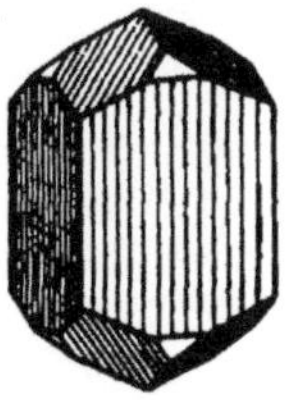

Fig. 44

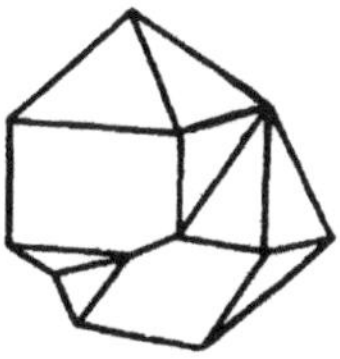

Fig. 45

Zinnstein ist das einzige technisch wichtige Zinnerz. Verwendung von Zinn zu Zinngeräten, Zinnfolien (Stanniol), Weißblech, zum Verzinnen und Löten, zu Bronzen, Email, Glasuren, Beize usw. Durch Übergang in eine spezifisch leichtere und graue Zinnart (D. = 5,8 gegenüber 7,3 bei weißem Zinn) bilden sich auf Gebrauchszinn bisweilen Pusteln („Zinnpest").

Rutil (lat. rutilus = rot), TiO_2; ditetragonal-dipyramidal; hauptsächlich von Prismenflächen begrenzte Kristalle, hierbei dicksäulig, säulig bis nadelig. Zwillinge häufig; Zwillingsebene vorwiegend (101). Die einfachsten Zwillinge haben knieförmige Gestalt (Fig. 46), doch auch polysynthetische Drillinge und Viellinge. Gitter Fig. 47. Raumgruppe D_{4h}^{14}. Farbe dunkelrot, braun bis gelblich; eisenschwarzer Rutil wird Nigrin (lat. niger = schwarz) genannt. Strich braungelb. Metallartiger Diamantglanz. Durchsichtig bis undurchsichtig. Lichtbrechung sehr hoch, ähnlich Diamant; sehr starke positive Doppelbrechung und auffallend hohe Dispersion (vgl. opt. Daten in Tab. I). H. = 6—6½, D. = 4,2—4,3. Spaltbar nach den Prismenflächen: nach

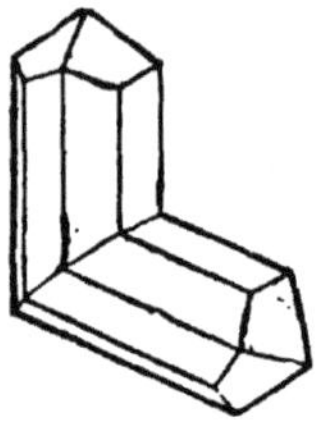

Fig. 46

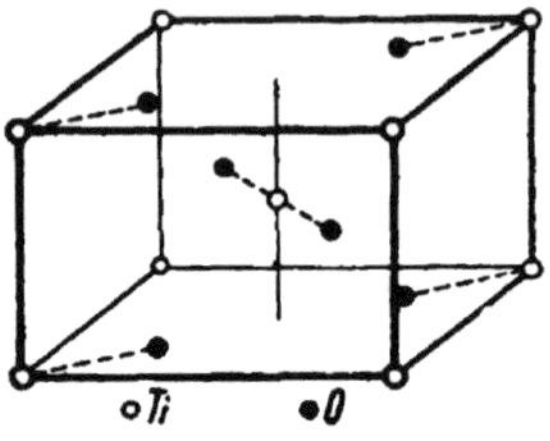

Fig. 47

(110) vollkommen, nach (100) weniger vollkommen. Bruch muschelig. Spröde.

Eingewachsen in Pegmatiten; große Kristalle aus den Apatitgängen von Kragerö (Norwegen) und des Ilmengebirges, in pegmatitischen Quarzgängen von Modriach (Steiermark), während die größten Rutillagerstätten in Virginien liegen (Nelson und Amherst Co.). Aufgewachsen in hydrothermalen Gängen und Drusen, z. B. der alpinen Klüfte (Pfitsch in Tirol, Binntal, Campolungo usw.). Gemengteil sedimentärer und metamorpher Gesteine. In Seifen (z. B. an der Küste von Neusüdwales, Australien) und Sanden. Als S a g e n i t (griech. sagene = Netz) werden gitterförmige und netzartige Zwillingsgebilde dünnsäuliger bis nadeliger Rutilkriställchen (sich unter etwa 60° schneidend) bezeichnet. Diese häufig als Einschlüsse (z. B. in Korund). Haarförmige Rutileinlagerungen in Quarz werden Venushaar genannt. Bemerkenswert sind Parallelverwachsungen von Rutil mit Eisenglanz (Cavradi im Tavetsch).

Rutil wird in den USA nach dem Verneuil-Verfahren (vgl. S. 51) synthetisch hergestellt, und zwar in farblosen, blauen und anderen Farbabarten.

Das aus Rutil hergestellte metallische Titan dient als Zusatz bei Stahl; Titanweiß, TiO_2, ist eine Mineralfarbe mit stärkster Deckkraft; auch zum Mattieren von Kunstseide verwendet (s. auch S. 54).

Dieselbe chemische Zusammensetzung wie Rutil hat Anatas (griech. anatasis = Emporstreckung), der meist in spitzen tetragonalen Dipyramiden kristallisiert, dunkelblau, fast schwarz, seltener gelb ist, metallartigen Diamantglanz besitzt, nach der Basis leicht spaltet und etwas weicher (H. = 5½—6) und leichter (D. = 3,8—3,9) als Rutil ist. D_{4h}^{19}. Hydrothermal gebildetes alpines Kluftmineral. Lose in Seifen (Atljansk im südl. Ural) und Goldsanden. Auch Brookit (nach dem engl. Kristallographen H. J. Brooke) hat dieselbe Zusammensetzung (TiO_2), kristallisiert aber rhombisch (D_{2h}^{15}) in meist tafeligen, rotbraunen Kristallen. Vorkommen wie Anatas.

Braunsteine der Natur und Technik sind nach G. Gattow*) Mangan-Sauerstoff-Verbindungen der Zusammensetzung $MnO_{1,7}$ bis $MnO_{2,0}$ (unabhängig vom Fremdionenanteil, vom H_2O- und HO-Gehalt usw.). Zur Vereinfachung werden die Braunsteine als MnO_2 geschrieben, ohne daß diese Formel eine Aussage über das tatsächliche Mn/O-Verhältnis macht. — Die Braunsteine haben sich in der Verwitterungszone aus verschiedenen Mineralien gebildet. Als Polianit (griech. poliainesthai = grau), wird das tetragonale (D_{4h}^{14}) MnO_2 der H. = 7, der D. = 5,0 von stahlgrauer Farbe angesprochen. Sehr kleine Kriställchen von Horní Blatná (Platten) bei Jáchymov (Joachimsthal) in Böhmen.

Pyrolusit (griech. pyr = Feuer, loysis = waschen; Bezugnahme auf Reinigen eisenhaltiger Gläser durch Zusatz von Pyrolusit) i. e. S. (lichtes Graumanganerz, Weichmanganerz z. T.), auch MnO_2 (mit adsorbiertem H_2O; Formel etwa $mMnO \cdot MnO_2 \cdot nH_2O$), ist stets pseudomorph, vor allem nach Manganit (γ-MnOOH). Kristalle erscheinen rhombisch, röntgenographisch ergeben sich aber streng parallel orien-

*) Eine eingehende „Charakterisierung der einzelnen Braunsteinarten sowie Manganoxide und Manganhydroxide“ in *Batterien* 1961 und 1962.

tierte Kristallfasern von Polianit. Strahlig-kristalline Massen, fest bis erdig, abfärbend. Härte nicht genau bestimmbar. D. ~ 5. Glanz grauweiß-metallisch. Entwickelt, mit Salzsäure übergossen, Chlorgas. Pyrolusit ist mit Manganomelan das wichtigste Manganerz der Verwitterungs- und sedimentären Manganlagerstätten, z. B. im „Eisernen Hut" der Siegerländer Gänge, bei Elgersburg in Thüringen; die größten und technisch bedeutsamsten Manganlagerstätten sind Nicopol am unteren Dnjepr (Ukraine) und Tschiaturi-Kutais in Transkaukasien (Ausbildung oolithisch, Genesis chemisch sedimentär). Manchmal durch Auslaugung und Oxidation angereichert; diesem Typus entsprechen z. B. die für Deutschland wichtigen Mn-Lagerstätten bei Gießen, Braunfels sowie Waldalgesheim bei Bingerbrück. Aus kolloidaler Lösung ausgeschieden und von wechselnder chemischer Zusammensetzung ist

Manganomelan, mit untergeordnet beigemengtem Psilomelan. Er bildet radialfaserige, graue, metallisch glänzende, traubig-nierige Aggregate (schwarzer Glaskopf) von wechselnder Härte (H. ~ 6) sowie schwarzem Strich. Unschmelzbar. Auch erdig und weich, locker und schaumig, z. B. Manganschaum oder Wad (Sammelname für verschiedene Manganoxide). Wie Pyrolusit ein wirtschaftlich wichtiges Manganerz. Dicht, traubig und stalaktitisch ist auch der

Psilomelan (griech. psilos = kahl, melas = schwarz). Monoklin. $(Ba, H_2O)_4 Mn_{10}O_{20}$. Opak. H. = 5—6. D. = ~4,7. Bekannte Fundorte: Schneeberg, Eibenstock (Sachsen).

Die Braunsteine werden, zusammen mit anderen Manganoxiden, zur Darstellung von Chlor, in der Glasfabrikation zur Herstellung farbloser Gläser, im Eisenhüttenprozeß zur Darstellung von manganhaltigem Eisen usw. benutzt. Verwendung auch als Depolarisatoren in Trockenbatterien (Leclanché-Elementen) und Transistoren (Kristallverstärker).

Manganit, γ-MnOOH, kristallisiert monoklin-prismatisch (C_{2h}^5), pseudo-rhombisch; langprismatisch (vertikalgestreift) oder kurzprismatisch. Zwillinge knie- oder kreuzförmig (Fig. 48). H. = 4, D. = 4,3—4,4. Braunschwarz, dunkelbrauner Strich. In dünnen Splittern rot. Häufig in Pyrolusit umgewandelt. Auf hydrothermalen Gängen, z. B. Ilfeld im Harz, Ilmenau in Thüringen.

Fig. 48

Eisenhydroxide. Nach röntgenographischen Bestimmungen nur: Nadeleisenerz, Goethit, $FeHO_2$ (= α-FeOOH) und Rubinglimmer, Lepidokrokit (= γ-FeOOH).

Nadeleisenerz kristallisiert rhombisch-dipyramidal (D_{2h}^{16}), meist nadelig oder haarförmig nach der Vertikalachse, dann in strahligen und faserigen Aggregaten. H. = 5—5½, D. sehr schwankend (4,3—3,8). Farbe schwarzbraun bis lichtgelb. Strich braun bis braungelb. Glanz diamantartig, seidig. Samtartige Oberfläche kennzeichnet die Samtblende, verbreitet z. B. im Siegerland. Nadeleisenerz ist ein charakteristisches Verwitterungsprodukt fast aller Eisenmineralien, die eine Umwandlung in

Brauneisen („Limonit") erfahren. Dieses weitverbreitete Eisenhydroxid mit wechselndem Wassergehalt und wechselnden Eigenschaften entspricht einem ehemaligen Gel und ist in seinen Konkretionsformen sowie Ausbildungen überwiegend Nadeleisenerz. Es bildet, vor allem im „Eisernen Hut", faserige Aggregate mit nierenförmiger, glänzend schwarzbrauner Oberfläche (brauner Glaskopf); auch dichte, erdige und tonige Massen. Farbe und Strich braun. Wird durch Glühen v. d. L. schwarz und magnetisch. Brauneisen wird als wichtiges Eisenerz im Harz, Thüringer Wald, in Nassau, Westfalen, im Erzgebirge usw. gewonnen und auf Eisen verhüttet. Abarten sind das aus runden Körnern bestehende Bohnerz (konkretionär in Taschen von Kalken), das in Mooren und Sümpfen abgesetzte Raseneisenerz [Wiesenerz, Sumpferz, der eigentliche „Limonit" (griech. leimon = Rasen)]; letzteres wird als Filtermasse in den Gasanstalten (Entfernung von H_2S und HCN) verwendet. Von besonderer Bedeutung sind die in flachem Wasser gebildeten Brauneisenoolithe, die einen konzentrischen Schalenbau haben und vielfach verhüttet werden; so die als Eisenerz wichtige Minette von Lothringen-Luxemburg, die Doggererze von Baden-Württemberg, die oolithischen Salzgittererze und die des Harz-Vorlandes, die großoolithischen Brauneisensteine auf der Halbinsel Kertsch (Krim) u. a.

Rubinglimmer hat gleichfalls rhombische Symmetrie (D_{2h}^{17}), aber in dünntafeliger Ausbildung; zuweilen in Rosetten angeordnet, doch auch pulverig und glaskopfartig. Farbe in Splittern rubinrot. Spaltbarkeit vollkommen nach den Täfelchen (010). H. = 5, D. = 4,0. Auftreten wie Nadeleisenerz, aber seltener. Schöne Kristalle von Eiserfeld, Siegen.

Aluminiumhydroxide. Als wichtigstes Bauxit, das aber ein Gemenge von Diaspor, Hydrargillit sowie Eisenhydroxid darstellt; gebildet in erster Linie bei der Verwitterung und Umwandlung tonerdereicher Gesteine (z. B. am Vogelsberg, Hessen) in tropischem Wechselklima oder als Verwitterungsrückstand von Kalksteinen (Les Baux in Südfrankreich, in Ungarn [vor allem im Bakonygebirge (bei Vertes) und im Pilisgebirge], im Karst usw.); auch thermales Umwandlungsprodukt von Nephelingesteinen Nord-Amerikas. Von weltwirtschaftlicher Bedeutung sind die Bauxitlagerstätten auf Jamaika sowie in Holländisch- und Britisch-Guayana.

Hydrargillit (griech. hydor = Wasser, argillos = Ton), $Al(OH)_3$, in monoklin-prismatischen, jedoch pseudohexagonalen, farblosen und weißen, glimmerartig spaltbaren Blättchen, aber auch radialfaserig sowie in warzigen Krusten (chalcedonartig). Raumgruppe C_{2h}^5 mit charakteristischem Aufbau eines Schichtgitters (vgl. S. 112). Gemengteil der Bauxite, Talkschiefer und Serpentine. Auch Verwitterungsprodukt von Korund. H. = 2½ bis 3, D. = 2,3—2,4.

Diaspor (griech. diaspora = Zerstreuung), $AlHO_2$ bzw. α-AlOOH, rhombisch-dipyramidal (D_{2h}^{16}), meist blätterige und stengelige Aggregate, farblos oder gefärbt. Glasglanz. H. = 6½—7, D. = 3,3—3,4. Sehr vollkommene Spaltbarkeit nach (010). Gemengteil des Bauxits. In kristallinen Schiefern, in kontaktmetamorphen Gesteinen. Begleiter des Smirgels.

Boehmit (nach dem Physikochemiker J. Boehm), γ-AlOOH, mikroskopisch kleine rhombische Täfelchen (D_{2h}^7) in Spalten und Poren des Bauxits oder kryptokristallin (in Bauxiten). Auch hydrothermales Umwandlungsprodukt von Nephelin (Kirschgebirge, Ural).

Brucit (nach dem amer. Mineralogen A. Bruce), $Mg(OH)_2$, talkartig. Kristallisiert ditrigonal-skalenoedrisch. Kristallstruktur (D_{3d}^3) typisch schichtig (vgl. S. 112). H. = 2½, D. = 2,4. In kontaktmetamorphen Dolomiten (Predazzo) und Kalksteinen sowie Serpentin (z. B. Pitkäranta am Ladoga-See).

IV. Klasse: Haloidsalze

Diese Klasse umfaßt die Chlor-, Fluor-, Brom- und Jodverbindungen der Elemente mit typischem Ionengitter. Sie zeigen Glas- bis Diamantglanz bei meist hellen Farben oder Farblosigkeit und geringe Härte; viele sind wasserlöslich. Genetisch sind sie Auskristallisationen des Meeres oder salinischer Gewässer, manchmal sekundäre Neubildungen. Selten Sublimationsprodukte der Vulkane.

Steinsalz (Halit, griech. hals = Salz), NaCl, kristallisiert kubisch-hex'oktaedrisch, in Würfeln. Gitter Fig. 49.

O_h^5. $a_0 = 5,640$ Å. Nach den Würfelflächen sehr leicht spaltbar. Die großen Massen sind körnig; auf Klüften bisweilen auch faserige Aggregate. Farblos, durch beigemengte Substanzen grau, gelb, rot und grün; blaues Steinsalz hat vielleicht durch radioaktive Strahlungen seine Farbe erhalten; sie wird auf kolloidal verteiltes metallisches Natrium zurückgeführt (aber auch auf β-Strahlung von K und Rb aus paragenetisch verbundenen Chloriden dieser Elemente). Durchsichtig oder durchscheinend, glasglänzend. H. = 2, D. = 2,1—2,2. Schmelzpunkt 800° C. V. d. L. unter gelber Flammenfärbung verdampfend. Oft enthält Steinsalz Flüssigkeitseinschlüsse, die durch eine bewegliche Libelle leicht zu erkennen sind. In Wasser leicht löslich. Reines Steinsalz bleibt an der Luft trocken; durch andere Salze verunreinigt, zieht es Wasser an und zerfließt. Wird unter Druck bei mäßig hoher Temperatur plastisch und durch den Gebirgsdruck bisweilen in überlagernde jüngere Schichten eingepreßt (Ekzeme, Aufpressungshorste).

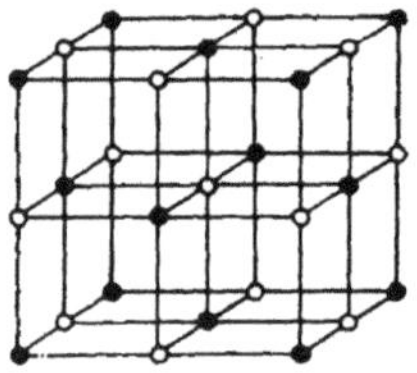

Fig. 49

Steinsalz ist stets von Gips und Anhydrit begleitet und bildet, mit diesem schichtenweise abwechselnd, bis über 1000 m mächtige Lager; diese sind häufig mit einem von Salz durchtränkten Ton bedeckt, dem sogenannten Salzton, der kein Wasser durchläßt und so das Salz vor dem Auflösen bewahrt. In den oberen Schichten der Salzlager treten in Norddeutschland, wie z. B. bei Staßfurt-Leopoldshall, Vienenburg usw., noch große Massen von anderen leicht löslichen Salzen, die man Abraumsalze nennt, hinzu. Aus der Art des Vorkommens geht hervor, daß das Steinsalz in abgeschlossenen Meeresteilen aus Wasser, das große Salzmengen (35 g im Liter) gelöst enthielt, abgesetzt wurde.

Geringe Mengen von Steinsalz werden an tätigen Vulkanen beobachtet.

Mächtige Steinsalzlager kennt man bei Staßfurt, Sperenberg und an vielen Orten Norddeutschlands (Zechsteinformation); in Süddeutschland bei Heilbronn, Schwäbisch-Hall mit Wilhelmsglück (Muschelkalk), in den Alpen bei Berchtesgaden und im Salzkammergut (alpine Trias), dann bei Wieliczka und Bochnia in Polen (Tertiärformation), Slănic in Rumänien (Südkarpaten) usw. Auch Sublimationsprodukt der Vulkane (kalihaltig).

Das Steinsalz ist ein überaus wichtiger und unentbehrlicher Zusatz zu den menschlichen Nahrungsmitteln und auch für die Ernährung des Viehes von Wichtigkeit. Ferner ist es in der Industrie zur Darstellung von Soda, Ätznatron, Salzsäure, Chlor und vielen anderen Stoffen von größter Bedeutung.

Abraumsalze nennt man die Kali- und Magnesiumsalze, die — von jüngeren Ablagerungen bedeckt — in Norddeutschland in weiter Verbreitung bis nach Thüringen hin die oberste Schicht von Steinsalzlagern bilden und „abgeraumt" werden mußten, ehe das begehrte Steinsalz erreicht wurde; der hohe Wert dieser Salze, die auch für andere Vorkommen kennzeichnend sind, wurde bald erkannt. Wichtig sind u. a.:

Sylvin (nach dem Arzt F. Sylvius de la Boe, 1614—1672), kubisch-hex'oktaedrisch, häufig Würfel mit Oktaeder; nach den Würfelflächen sehr leicht spaltbar. $O_h^5 \cdot a_0 = 6{,}29$ Å; Steinsalztypus. Bildet wie Steinsalz meist körnige Aggregate und sieht ihm zum Verwechseln ähnlich. Zum Unterschied zu diesem eine zart rötlichviolette Flammenfärbung. In Lösung bittersalziger Geschmack. Ist das geschätzteste Kalisalz; gegenüber Steinsalz viel seltener und nicht in allen Salzlagerstätten. Manchmal Sublimationsprodukt an Kraterwänden der Vulkane. H. = 2, D. = 1,99.

Sylvinit ist ein Gemenge von Steinsalz und Sylvin; Hartsalz, dasselbe mit Kieserit ($MgSO_4 \cdot H_2O$).

Carnallit, nach Berghauptmann R. v. Carnall, ($KCl \cdot MgCl_2 \cdot 6H_2O$) bildet körnige, farblose oder durch zierliche Eisenglimmertäfelchen rote Massen, die an der Luft Wasser anziehen und zerfließen. Wichtigstes primäres Kalisalz der norddeutschen Kalisalzlagerstätten, vor allem in der sog. Carnallitregion. Kristallisiert rhombisch-dipyramidal (D_{2h}^4). H. = 1—2, D. = 1,60. Stark fluoreszierend. Beim Lösen in H_2O knisternd. Enthält auch Brom und in Spuren Rubidium, die aus Carnallit gewonnen werden.

Für die Abraumsalze sind noch einige wasserhaltige Sulfate charakteristisch:, Kieserit, nach Prof. D. G. Kieser, ($MgSO_4 \cdot H_2O$) und sein Umwandlungsprodukt Bittersalz ($MgSO_4 \cdot 7H_2O$), der wichtige Kainit, griech. kainos = neu, ($KCl \cdot MgSO_4 \cdot 3H_2O$), Polyhalit ($2CaSO_4 \cdot MgSO_4 \cdot K_2SO_4 \cdot 2H_2O$) u. a. (vgl. Sulfate).

Die Abraumsalze sind wegen ihres Kaligehaltes sehr wertvolle Düngemittel (im Handel gern „Kainit" genannt); sie dienen ferner zur Darstellung von Kalisalpeter und vielen anderen Verbindungen für die verschiedensten Zwecke (wie Kaliglas, Explosionsstoffe, Raketentreibstoffe usw.); sie liefern Bittersalz, Brom, Rubidium und weitere für die Industrie wichtige Stoffe. Auf elektrochemischem Wege wird aus ihnen das Leichtmetall Magnesium gewonnen.

Wichtige Kalisalzvorkommen, außer in Norddeutschland, im badischen Oberland und Oberelsaß im Tertiär; hier besonders Sylvinit und Hartsalz. Bemerkenswert auch Kalusz in Galizien, Solikamsk in Rußland (die größte Sylvinlagerstätte der Welt), solche in der Nähe von Barcelona (Spanien) u. a. O.

Hornsilber (Kerargyrit, Chlorsilber), AgCl, kubisch-hex'oktaedrisch, bildet selten kleine, graue, reguläre Würfel oder Oktaeder schlechter Ausbildung oder hornähnliche

(Nanre! griech. keras = Horn, argyros = Silber) Überzüge. O_h^5; a_0 = 5,54Å. H. = 1—1½, D. = 5,5—5,6. Geschmeidig, läßt sich mit dem Messer schneiden. In H_2O unlöslich. Wichtiges Silbererz im „Eisernen Hut" von Silbererzgängen [Johann-Georgenstadt; in den mittel- und südamerikanischen Anden; in der Wüste Atacama (Chile); Treasury Hill in Nevada u. a. O.]. Bergmännisch wichtig sind lokal

Bromsilber (Bromargyrit), AgBr, und das Mischungsglied Embolit (griech. embolion = dazwischengeschoben), Ag (Cl, Br), z. B. in Mexiko und Chile. H. = 2, D. = 5,8—6. Geschmeidig. Farbe gelb bis olivgrün.

Salmiak, NH_4Cl, Sublimationsprodukt auf Vulkanen, aber auch auf brennenden Kohlenhalden und Flözen sowie in Guano. Meist farblos. Krustig, traubig. H. = 1—2, D. = 1,53. Stechend salziger Geschmack. Kubisch. O_h^1 und T_d^1.

Flußspat (Fluorit), CaF_2. Kubisch-hex'oktaedrisch in mannigfachen Formen; Würfel oder Oktaeder allein, häufiger in Kombination untereinander (vgl. Fig. 22) oder Würfel mit Dodekaeder (Fig. 50), mit Pyramidenwürfel, z. B.(310) (Fig. 51); auch mit Hexakisoktaeder. Ferner derb, körnig bis dicht. Verbreitet Durchkreuzungszwillinge (Fig. 52). Kristallgitter Fig. 53; a_0 = 5,46 Å. Spaltbar nach den

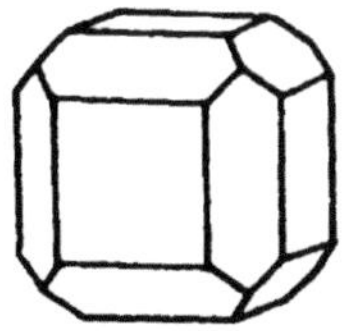

Fig. 50

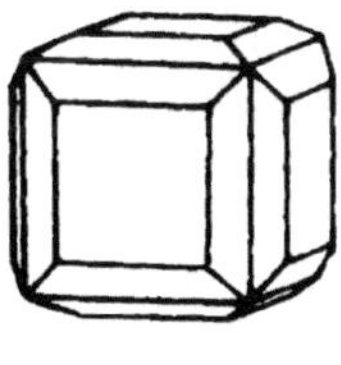

Fig. 51

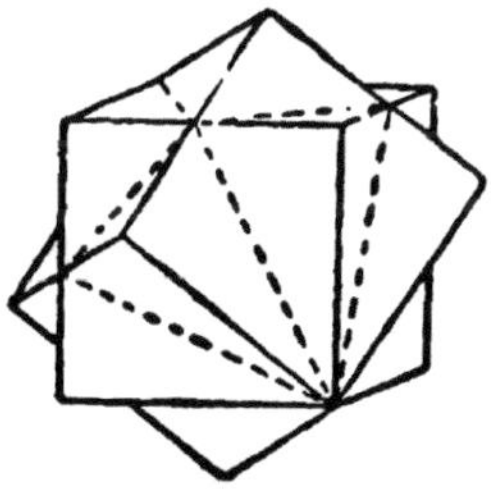

Fig. 52

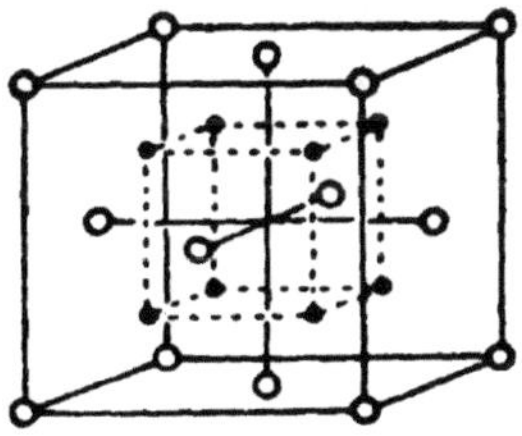

Fig. 53

Oktaederflächen, so daß man leicht oktaedrische Spaltungsstücke herstellen kann. H. = 4, D. = 3,1—3,2. Glasglanz. Selten farblos, meist gefärbt (fast alle Farben) und nicht selten zonar. Tiefblauviolette bis schwarze Abarten wahrscheinlich durch radioaktive Einwirkung verfärbt. Durch Erhitzen kann farbiger Flußspat farblos werden, bei Radiumbestrahlung die Farbe wieder erhalten. Der schwarzblaue Fluorit von Wölsendorf (Oberpfalz) — stark mit Uranmineralien (Uranotil usw.) verwachsen — gibt beim Zerstoßen freies Fluor ab (Stinkspat, auch Stinkfluß). Intensivgefärbte Flußspäte zeigen Fluoreszenz. V. d. L. verknisternd und phosphoreszierend; selbst in Splittern schwer schmelzbar (Schmelzpunkt 1392° C). Mit Schwefelsäure entweicht glasätzende Flußsäure.

In weitester Verbreitung vorwiegend pneumatolytisch bis hydrothermal auf Gängen, besonders Erzgängen, im Harz (Stolberg), Schwarzwald, Liebenstein (Thüringen), Ölsnitz (Vogtland), Erzgebirge, England; in Drusen im Granit bei Striegau in Schlesien, Göschenen (rosa und oktaedrisch!), Baveno, bei Meiringen (farblos) u. a. O. — Ein CaF_2-*Gel* wurde in Hohlräumen der Slawjanka-Fluorit-Lagerstätte, SW-Bulgarien, beobachtet, das an der Luft rasch zu Flußspat und Pyrit kristallisierte. Sedimentärer Flußspat im Plattendolomit von Caaschwitz, Bez. Gera.

Dient zur Darstellung von Flußsäure, als Flußmittel bei Hüttenprozessen, zur Herabsetzung der Garbrandtemperaturen bei Zement, zur Emailherstellung und in der Glasfabrikation, zum Ätzen von Glas, Fluor als Oxydator bzw. Aktivator beim Raketenantrieb; der farblose Flußspat zu Linsen mikroskopischer Objektive (Apochromate); aus mehrfarbigem Flußspat werden z. B. in England Vasen, Schalen u. dgl. auf der Drehbank hergestellt.

Kryolith (griech. kryos = Eis, lithos = Stein), Na_3AlF_6. Monoklin-prismatisch (C_{2h}^5), $>$ 550° C kubisch; Kristalle von pseudowürfeligem Habitus selten; meist derbe, großkörnige Aggregate. Zwillinge nach (110). Absonderung an Zwillingslamellen. Schneeweiß, seltener grau, rötlich oder schwarz.

Perlmutterglanz, oft mit eigentümlichem feuchtem Glasglanz. An der Flamme leicht schmelzbar (Schmelzpunkt 920° C); gelbe Flammenfärbung. H. = 2½—3, D. = 2,95. Ein pegmatitisches Mineral, in größeren Mengen nur in Ivigtut auf Grönland angetroffen.

Wird u. a. zur Darstellung reiner Flußsäure benutzt, früher bei der Elektrolyse des Aluminiums als Schmelzofenzusatz (jetzt wird als Flußmittel ein künstliches, kryolithähnliches Produkt zugesetzt). Auch für Milchglas, Emaille usw. verwendet.

Atakamit (Salzkupfererz), $CuCl_2 \cdot 3Cu(OH)_2$ bzw. $Cu_2(OH)_3Cl$. Bildet rhombisch-dipyramidale Kristalle (D_{2h}^{16}), prismatisch und gestreift nach der Vertikalachse; meist aber faserige und strahlige Aggregate von gras- bis schwärzlichgrüner Farbe. H. = 3—3½, D. = 3,76. Findet sich vielerorts als Oxydationserz, z. B. in der Wüste Atakama (Name!) in Chile, in Peru, Bolivien, Tsumeb, Australien (riesige Kristalle von Wallaroo) und ist lokal ein wichtiges Kupfererz.

V. Klasse: Karbonate

Salze der zweibasischen Kohlensäure (H_2CO_3) — wasserfrei oder wasserhaltig —, die durch Aufbrausen von CO_2 bei Behandlung mit Säuren leicht erkennbar sind. Härte nicht über 5.

a) Kalkspatgruppe (rhomboedrische Karbonate)

Kalziumkarbonat, $CaCO_3$, ist dimorph; es kommt in der Natur als Kalkspat (rhomboedrisch) und als Aragonit (rhombisch) vor.

Die Karbonate der Kalkspatgruppe kristallisieren fast durchweg ditrigonal-skalenoedrisch, Raumgruppe D_{3d}^{6}, sie sind untereinander isomorph und lassen sich alle nach einem Rhomboeder leicht spalten.

Kalkspat (Calcit), $CaCO_3$, kristallisiert ditrigonal-skalenoedrisch und spaltet nach einem Rhomboeder, das als Grundrhomboeder (Fig. 54) angenommen wird. Der Formenreichtum der Kristalle ist sehr groß (etwa 80 verschiedene Rhomboeder, über 200 verschiedene Skalenoeder!); als einfache

Formen treten stumpfe und steile Rhomboeder (Fig. 55) und Skalenoeder (Fig. 56) auf; ihre Kombinationen sind je nach dem Träger prismatisch (Fig. 57), rhomboedrisch (Fig. 58),

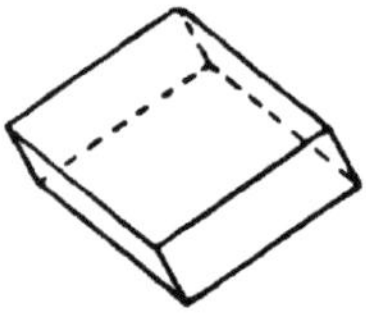

Fig. 54

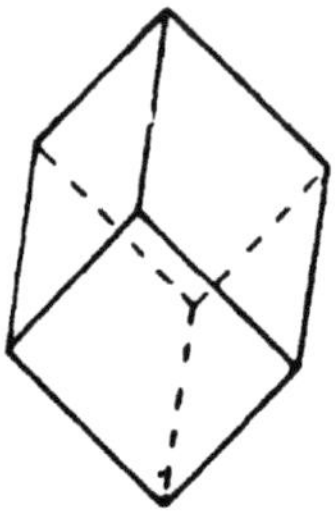

Fig. 55

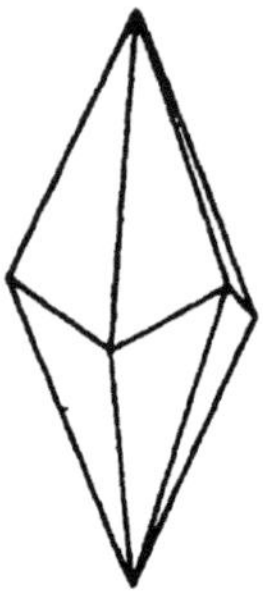

Fig. 56

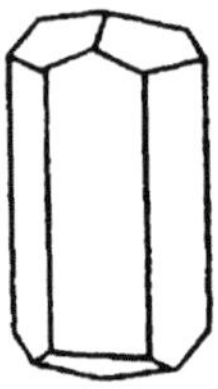

Fig. 57

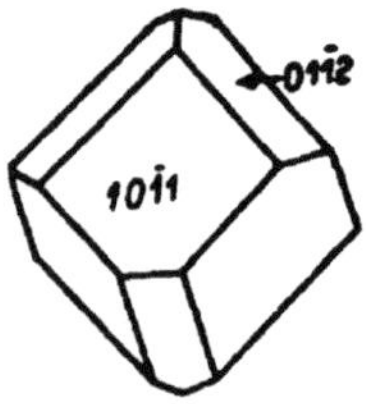

Fig. 58

Fig. 59

Fig. 60

skalenoedrisch (Fig. 59) oder tafelig (Fig. 60) nach der Basis (0001). Eine häufigere Kombination stellt Fig. 57 dar: Prisma erster Stellung (10$\bar{1}$0) mit einem negativen, stumpfen Rhomboeder (01$\bar{1}$2); in Fig. 59 die Kombination: Skalenoeder (21$\bar{3}$1) mit Rhomboeder (10$\bar{1}$1) und (05$\bar{5}$4) sowie Skalenoeder (31$\bar{4}$5) und (31$\bar{4}$2); die Ecken des Skalenoeders (21$\bar{3}$1) sind durch (10$\bar{1}$0) abgestumpft. Zwillingsbildung ist häufig; Zwillingsebene ist entweder die Basis (Fig. 61) oder eine Rhomboederfläche, z. B. (01$\bar{1}$2) (vgl. Fig. 62); durch mechanische Beanspruchung, wie Gebirgsdruck, polysynthetische Zwillinge nach (01$\bar{1}$2) (Fig. 63). Herzförmige

Zwillinge bei skalenoedrischer Ausbildung der Einzelkristalle (Fig. 64); Zwillingsebene dann (10$\bar{1}$1). Die derben Aggregate von Kalkspat sind körnig [**Marmor**, (griech.

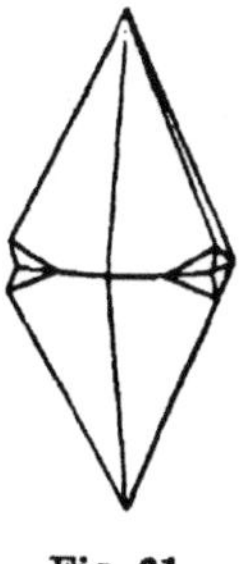

Fig. 61

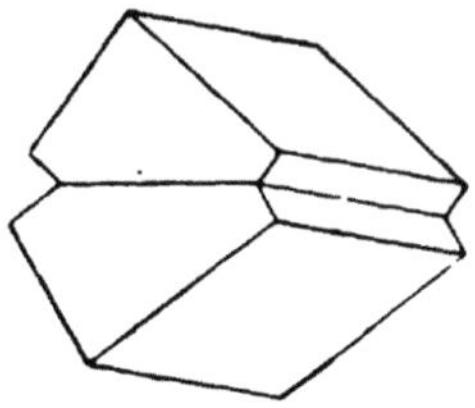

Fig. 62

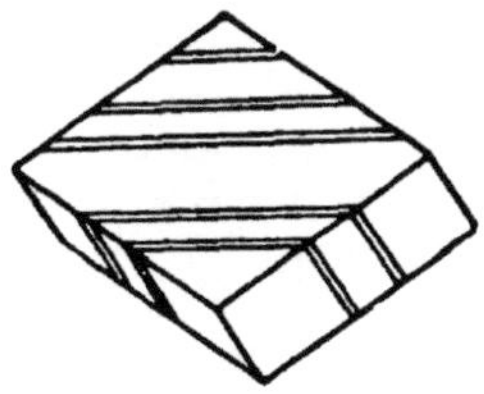

Fig. 63

marmaros = Fels)], spatig, stengelig, faserig oder dicht (**Kalkstein**), auch erdig (**Kreide**). Selten ist geäderter asbestartiger Kalkspat mit Seidenglanz (Atlasspat). **Kalktuff** oder **Travertin** sind poröse Kalke, die an Austrittsstellen kalkgesättigter Mineralquellen entstehen. — Gitter Fig. 65. D_{3d}^6; a_{rh} = 6,37 Å, α_{rh} = 46°07'. — Durchsichtig bis undurchsichtig, farblos oder gefärbt. Viele Kalkspäte zeigen im ultravioletten Licht Fluoreszenz, die durch Spurenelemente bedingt ist. Glasglanz. Der farblose, durchsichtige Kalkspat läßt besonders deutlich die Erscheinung der Doppelbrechung erkennen und heißt daher auch **Doppelspat** (von Island, an der Unteren Tunguska in der UdSSR). Spröde. H. = 3, D. = 2,6—2,8 (Isländischer Doppelspat 2,72). Optische Daten in Tab. I. Schon in kalten Säuren unter lebhaftem Brausen (durch entweichende Kohlensäure) leicht löslich. Flammenfärbung gelbrot. Die Dissoziation in CaO und

Fig. 64

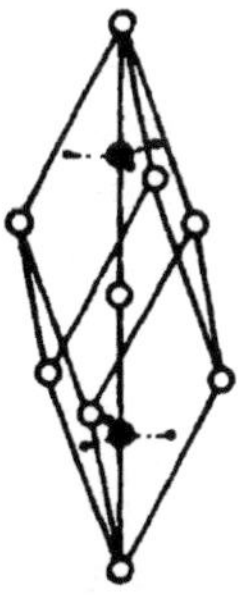

Fig. 65

CO_2 („Kalkbrennen") erfolgt bei etwa 900° C. Unter hohem Druck schmilzt Kalkspat bei etwa 1300° C. Von Aragonit durch die Meigensche Probe (vgl. S. 89) zu unterscheiden.

Dichter Kalkstein — oft reich an versteinerten Tieren, die ehemals im Meere gelebt haben — ist organogener Natur. Aufgewachsen vorkommende Kristalle haben oft eine besondere Bildung: Wasser, das Kohlensäure enthält, nimmt z. B. aus Kalkstein kohlensauren Kalk auf, der sich, wenn die Kohlensäure entweicht, wieder absetzt; so in Höhlen der Tropfstein, in Bächen der Kalksinter (Travertin von Tivoli bei Rom); in Klüften stengelige Aggregate. Auf Erzgängen und in Hohlräumen vulkanischer Gesteine schöne Kristalle. Als verhältnismäßig leicht lösliches Mineral ist Kalkspat oft unter Erhaltung seiner Form durch schwerer lösliche Mineralien verdrängt worden; solche Pseudomorphosen sind z. B. Zinkspat oder Roteisenstein nach Kalkspat. In gleicher Weise sind Kalklager verdrängt und z. B. zu Erzlager geworden (Metasomatose!).

Oolithischer Kalkstein ist sedimentärer Entstehung wie die Rogensteine des Buntsandsteins u. a. Körniger Marmor entsteht aus dichten und anderen Kalken durch Kontaktmetamorphose; im technischen Sinn ist jeder politurfähige, feinkörnige bis dichte Kalkstein oder Dolomit Marmor.

Kalkspat ist überaus weit verbreitet und oft in großer Menge auftretend. Der dichte Kalkstein bildet mächtige Gebirge und findet sich in allen Formationen; weißer Marmor wird unter anderem am Pentelikon bei Athen, auf der Insel Paros und bei Carrara (Italien) gebrochen; er ist auch sonst, z. B. in den Alpen (Laas in Südtirol), nicht selten. Mit Granat, Vesuvian und Wollastonit bei Auerbach an der Bergstraße. Schöne Kristalle von Kalkspat kamen von St. Andreasberg im Harz, Freiberg in Sachsen, Groß-Sachsenheim in Württemberg, Oberstein an der Nahe, aus Derbyshire, Cumberland, Joplin in Missouri, vom Lake superior und vielen anderen Orten.

Der selten gewordene Doppelspat wird zu Polarisationsprismen (Nicols) benutzt, der weiße Marmor zu Bildhauerarbeiten; auch schön gefärbter Kalkstein, bunter Marmor, wird — in Platten geschnitten und poliert — vielfach verwendet. Der dichte Kalkstein wird als Baustein, gebrannt zur Mörtelbereitung benutzt; feinschiefrige Kalksteine (von Solnhofen) liefern lithographische Steine.

Magnesit (Bitterspat z. T.), $MgCO_3$, kristallisiert ditrigonal-skalenoedrisch (wie Kalkspat) in einfachen Rhomboedern (Fig. 54), nach dessen Flächen er leicht spaltet. Nicht selten findet er sich in dichten, weißen Knollen. H. = 4—4½, D. ~ 3. V. d. L. unschmelzbar; Dissoziation in MgO und CO_2 bei ~ 500° C. Braust mit Salzsäure erst in der Wärme. Die Kristalle finden sich als metamorphe Gemengteile eingewachsen in Talk und Chloritschiefern der Alpen, z. B. im Ziller- und Pfitschtal, am St. Gotthard usw.; in fast reinen selbständigen Lagern durch metasomatische Umwandlung von Kalken oder Dolomiten und dann bergmännisch gewonnen (Veitsch und Breitenau in der Steiermark, Radenthein in Kärnten u. a. O.). Auf der hydrothermalen Spatmagnesitlagerstätte Oberdorf a. d. Lamming (Steiermark) große, vorzüglich ausgebildete Magnesitkristalle. Aus der Zersetzung von Magnesiumsilikaten bildet sich der ursprünglich gelartige und nachträglich mikrokristallin umgelagerte dichte Magnesit von meist schneeweißer Farbe (Frankenstein in Schlesien, Kraubath in der Steiermark usw.).

Magnesit wird in der Technik zur Herstellung von feuerfesten Steinen, Steinholzplatten (Xylolith) und feuerfestem Material, wie Magnesiumoxyd (Magnesia), viel verwendet; auch zum Auskleiden der Bessemer Birne, zu Isoliermassen (Magnesiumchlorid mit Sägemehl gemischt), Leichtbauplatten (wie Heraklith) u. a. m. gebraucht.

Dolomit (Bitterspat z. T.), $CaMg(CO_3)_2$. Bildet meist einfache Rhomboeder, eingewachsen in Talk- und Chloritschiefern der Alpen oder auf Erz- und Mineralgängen; große Kristalle z. B. Trepča/Jugoslawien, Oberdorf a. d. Lamming/Steiermark, auf der Magnesitlagerstätte Sunk b. Trieben/Steiermark usw.) sowie in Hohlräumen von Eruptivgesteinen; gesteinsbildend kristalline bis dichte Massen als Dolomit bzw.

dolomitischer Kalkstein in allen geologischen Formationen (z. B. Devon bei Gerolstein in der Eifel); Dolomitmarmore, aus Triasdolomit entstanden, in den Südalpen (Binntal,

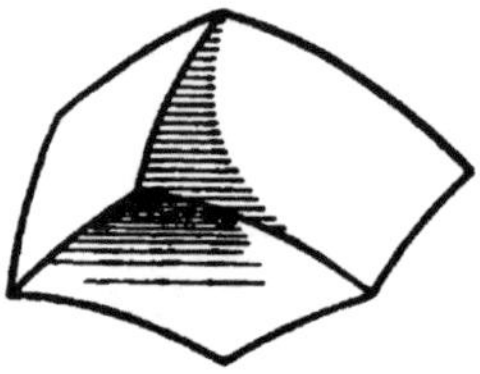

Fig. 66

Fig. 67

Campolungo usw.). Häufig metasomatisch aus Kalkstein. Kristalle oft krummflächig (Fig. 66) und sattelförmig (Fig. 67). Polysynthetische Zwillinge nach $(02\bar{2}1)$. Nach Ätzfiguren deutlich mindersymmetrisch als die übrigen rhomboedrischen Karbonate (trigonal-rhomboedrisch, C_{3i}^2). H. = 3½—4, D. = 2,9. Weiß, gelb, grau; durchsichtig (Kristalle aus dem Binntal), meist jedoch trüb und fast undurchsichtig. Braust mit Salzsäure erst in der Wärme.

Dolomit wird zum Auskleiden von Schmelz- und Brennöfen verwendet; „halbsaurer Dolomit" (Dolomit, aus dem durch Erhitzen zwischen 700—750° C ein Teil der Kohlensäure des $MgCO_3$ ausgetrieben wurde, so daß MgO und $CaCO_3$ vorliegen) ist vollwertiger Ersatz für Magnesia (vgl. S. 85) geworden und kommt bei der Wasserreinigung zur Verwendung (Magnomasse). Dolomitkalke ergeben wertvolles Düngemittel. Kaustischer oder totgebrannter Dolomit dient zur Erzeugung von Magnesiumsalzen.

Eisenspat (Spateisenstein, Siderit), $FeCO_3$. Ditrigonal-skalenoedrisch. Die Kristalle sind meist einfache Rhomboeder (Fig. 54) und oft sattelförmig gekrümmt (Fig. 67); häufiger spätige, grob- bis feinkörnige Aggregate. Spaltbar nach den Rhomboederflächen. D_{3d}^6. Hellgelb bis braun, durchscheinend bis undurchsichtig. H. = 4—4½, D. = 3,7—3,9. Im ultravioletten Licht zitronengelb. In heißer Salzsäure unter Aufbrausen löslich; die Lösung wird gelb. Dissoziert bei etwa

450° C in Fe_3O_4 und CO_2. V. d. L. unschmelzbar, durch Erhitzen auf Kohle magnetisches Korn. Verwittert leicht, wird dunkler („Reifen“ des Spateisensteins) und matt und geht schließlich in Limonit über; man findet daher häufig Pseudomorphosen von Limonit nach Eisenspat.

Sehr wichtiges Eisenerz, vor allem metasomatisch aus Kalk oder Dolomit gebildet in Lagern und Stöcken, z. B. bei Hüttenberg in Kärnten, Erzberg in der Steiermark, Iberg am Harz, Bilbao in Spanien, Bakalsk im südl. Ural u. a. O.; hydrothermal auf Gängen im Siegerland (Spaltenausfüllungen unterdevonischer Schichten; wichtig der Mn-Gehalt dieses Spateisens mit 6—7 v. H.), bei Příbram u. a. O. in Böhmen. Pegmatitisch-pneumatolytisch in manchen Zinnerzgängen. Kugelförmige Aggregate (Sphärosiderit) finden sich gelegentlich in Basalt (Steinheim bei Hanau). Sedimentär entstandene, durch Ton verunreinigte Massen (toniger Sphärosiderit), oft Versteinerungen enthaltend, kommen im Saargebiet, mit Kohle gemischt (Kohleneisenstein) in Westfalen und England vor und sind wertvolle Eisenerze. Auch oolithische Bildungen, z. B. Schmiedefeld in Thüringen.

In der Oxydationszone verwitterter Siderit bildet bei Mn-Gehalt verschiedene Manganoxyde, bei Ca-Gehalt Aragonit (Eisenblüte).

Zinkspat (Smithsonit, nach James Smithon), $ZnCO_3$. Ditrigonal-skalenoedrisch. Rhomboedrische Kristalle (D_{3d}^6) selten; in der Regel faserige bis dichte oder erdige Aggregate; Krusten mit nierenförmiger, traubiger Oberfläche. Farblos, gelb, grau, auch grün und blau. Stark glasglänzend, durchscheinend bis trüb. H. = 5, D. = 4,3—4,5. Gibt, auf Kohle geglüht, gelben Beschlag. Findet sich als Verwitterungsmineral der Zinkblende, teils als metasomatische Verdrängung, teils auf Klüften und in Hohlräumen, z. B.

in Oberschlesien, Altenberg bei Aachen, Brilon in Westfalen, Wiesloch in Baden, Bleiberg-Kreuth in Kärnten, Raibl in Italien, bei Laurion in Griechenland (schalig-schichtig), Turlansk im Kara-Tau-Rücken in Südkasachstan, in Tsumeb u. a. O. Galmei ist der technische Sammelname für karbonatische und silikatische Zinkerze.

Zinkspat ist ein wichtiges Zinkerz, auch Schmuckstein (Aztekenstein, grünlichblau; aus Mexiko).

Manganspat (Himbeerspat, Rhodochrosit, griech. rhodochros = rosafarbig), $MnCO_3$, gewöhnlich nur kleine Rhomboeder; spätig, körnig und dicht, glaskopfartig. Ditrigonal-skalenoedrisch, D_{3d}^6. H. = 4, D. = 3,3—3,6. In warmen Säuren leicht löslich. Mn-Reaktion. Wichtiges Manganerz. Hydrothermal gebildetes Gangmineral (z. B. Kapnik in den Karpaten, Trepča/Jugoslawien), im „Eisernen Hut" (schöne Kristalle bei Horhausen in Nassau); lagerförmig (Elbingerode im Harz, Südspanien u. a. O.) und stockförmig (z. B. in den französischen Pyrenäen). Körnig-faserige, gebänderte und gestreifte Aggregate (von Minas Capillitas, Provinz Andalgala in Argentinien) als Schmuckstein geschätzt.

Die Karbonate der Kalkspatgruppe haben nur im reinsten Zustand die angegebene chemische Formel; oft sind mehrere zweiwertige Elemente in isomorpher Vertretung nachweisbar; manche isomorphe Mischungen besitzen eigene Namen: Braunspat (Ankerit, nach Prof. Anker), entspricht $Ca(Fe, Mg, Mn)C_2O_6$, Manganosiderit einem Mn-reichen Eisenspat, Breunnerit (nach Graf Breunner) einem Magnesit mit Fe und Mn für Magnesium. Mesitin (griech. mesites = Vermittler) besteht aus etwa 50% $MgCO_4$ und 50% $FeCO_4$.

b) Aragonitgruppe (rhombische Karbonate)

Die Karbonate der Aragonitreihe kristallisieren rhombisch-dipyramidal (D_{2h}^{16}); Kristalle oft pseudohexagonal. Verdrillingung häufig. Von den rhomboedrischen Karbonaten unterscheidet sie das Fehlen einer gleich vollkommenen Spaltbarkeit. Mit Kobaltsolution gekocht, färbt sich das Pulver der rhombischen Glieder lila, während das der rhomboedrischen weiß bleibt (Meigensche Reaktion).

Aragonit, $CaCO_3$, rhombische, gewöhnlich nach der Vertikalachse gestreckte Kristalle (Fig. 68), begrenzt von einem

Fig. 68

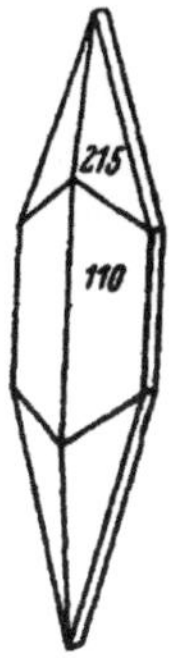

Fig. 69

Fig. 70

Fig. 71

Vertikalprisma (110), der Längsfläche (010) und einem Längsprisma (011); aber auch mit spitzpyramidalen (spießigen) Endigungen (Fig. 69). Sehr häufig in Zwillingen, die eine Prismenfläche (110) gemeinsam haben (Fig. 70); nach diesem Gesetz auch polysynthetische Viellinge (eingelagerte Lamellen). Auch in Drillingen, die als Wendezwillinge oft pseudohexagonal aussehen (Fig. 71), besonders wenn sie am Ende nur von der Basis begrenzt sind; Längsfurchen und dreifache Streifung der Basis kennzeichnen Drillinge (Fig. 71). Prismatische Spaltrichtungen undeutlich; muscheliger Bruch. Farblos, weiß, gelb, auch rötlich und in anderen Farben. Opt. Daten in Tab. I H. = 3½—4, D. = 2,95; auch an diesem höheren spezifischen Gewicht kann man Aragonit leicht von Kalkspat unterscheiden. In kalter Salzsäure unter Brausen löslich; färbt die Flamme gelbrot. Im Wasser leichter löslich als Calcit.

In der Natur ist Aragonit viel seltener als Kalkspat; er entsteht in heißen Quellen und auf Erzgängen, in Schalen mancher Wassertiere (Molluskel) und der Perlen. Aragonit geht mit der Zeit in Calcit über; einen stabilisierenden Einfluß auf die Festigkeit der Aragonitmodifikation scheint ein größerer Strontiumgehalt (bis 1%) zu haben. — Schöne Kristalle in hydrothermaler Paragenesis in Basaltdrusen: Hořenec = Horschenz in Böhmen, Blaue Kuppe bei Eschwege, Sasbach am Kaiserstuhl, Weitendorf b. Wildon/Steiermark u. a. O. Als Auslaugungsprodukt auf Erzlagerstätten (Kamsdorf bei Saalfeld), manchmal in ästigen Gebilden (Eisenblüte am Steirer Erzberg); auf Erzgängen, z. B. Leogang in Salzburg, Herrengrund in Ungarn (Drillinge!), Alston Moor. Eingewachsen in Ton [Molina in Aragonien (Name!), auf den Schwefellagerstätten Siziliens usw.]. Faserige, dichte sowie konzentrisch-schalige und radialstrahlige Kugeln und Krusten als Absatz heißer Quellen, z. B. Karlovy Vary = Karlsbad (Sprudelstein, Erbsenstein). Durchscheinender, gelblicher und grünlicher, fast dichter Aragonit (fälschlich Onyx genannt) aus Mexiko wird zu Skulpturen, Briefbeschwerern, Tintenfässern u. dergl. verarbeitet.

Cerrussit — lat. cerussa = Bleiweiß — (Weißbleierz), $PbCO_3$. Rhombisch-dipyramidal, isomorph mit Aragonit. Bildet farblose und weiße, kräftig diamantglänzende Kristalle von pseudohexagonalem Aussehen: durch Kombination von (111) und (021) oder infolge Zwillingsbildung (Drillinge). Auch prismatisch nach der a-Achse oder tafelig nach (010); letztere bei Verzwillingung nach (110) in fächerartiger Anordnung: Fig. 72 mit b (010), m (110), r (130) und p (111). Oft körnig, auch dicht. Spaltbarkeit nicht hervortretend; spröde. H. = 3, D. = 6,4—6,6. Gibt auf Kohle erhitzt Bleibeschlag und Bleikorn. Findet sich als wichtiges Bleierz in der Oxydationszone von Bleiglanzlagerstätten; sehr verbreitet, z. B. im Oberharz, bei Braubach und Ems, im Buntsandstein von Mechernich, in Bleiberg-Kreuth (Kärnten), in Monte Poni auf Sardinien, Turlansk im Kara-Tau-Geb. (Südkasachstan), in Leadville (Colorado), Broken Hill (Rhodesia), Tsumeb (schöne Kristalle und Trachten!) u. a. O.

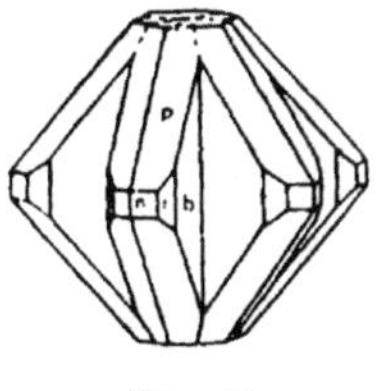

Fig. 72

Witherit (nach Dr. W. Withering), $BaCO_3$; isomorph mit Aragonit. Rhombisch-dipyramidal. Kristalle fast stets Durchkreuzungsdrillinge, die wie hexagonale Bipyramiden aussehen; auch traubig kugelig, faserig und blättrig. Farblos, grau, gelblichweiß. Glasglanz. Durchscheinend. Mit Salzsäure befeuchtet eine gelbgrüne Flammenfärbung. H. $=3\frac{1}{2}$, D. charakteristisch mit $\sim$ 4,2—4,3. Hydrothermal auf Bleiglanzgängen Englands (Settlingstone in Northumberland), kontaktmetasomatisch in großer Menge in Californien (El Portal).

Strontianit, $SrCO_3$, auch isomorph mit Aragonit. Kristalle nadelig, spießig und gern büschelig verwachsen; Drillinge wie bei Aragonit. Derbe Aggregate sind strahlig bis faserig. Farblos, gelblich, grau. H. $= 3\frac{1}{2}$, D. $= 3{,}7$. V. d. L. nur an Kanten schmelzend; intensiv rote Flammenfärbung. Hydrothermal bis hydrisch auf Erzgängen (z. B. Clausthal und Grund am Harz, Strontian in Schottland [Name!], Leogang in Salzburg, auf der Spatmagnesitlagerstätte Oberdorf a. d. Lamming/Steiermark (trachten-, flächen- und farbenreiche Kristalle), bei Condercet, Dep. Drôme [Frankreich] u. a.). In wirtschaftlich verwendbarem Umfange wurde Strontianit auf selbständigen Gängen in Mergelschichten des Obersenons im Münsterschen Becken (Drensteinfurt, Ascheberg) abgebaut.

Zum Entzuckern von Molasse gebraucht, und zwar durch Abscheidung von schwer löslichem Strontiumsacharat. Strontiumsalze dienen in der Feuerwerkerei zur Herstellung von Leuchtraketen, Signalfackeln. Die Farben-, Glas-, Emaille- und Keramikindustrie haben vielseitigen Bedarf; die Stahlindustrie benutzt Strontium zur Herstellung von Spezialstählen, die Metallhüttenindustrie beim Kupferschmelzen, zum Härten von Akkumulatorenbleiplatten sowie als Zusatz zu Zinn, Blei- und Kadmiumlegierungen. Als Rheumaheilmittel (Strontium-Salizyl).

Azurit (Kupferlasur), $Cu_3[(OH)_2 | (CO_3)_2]$, lasurblau, und **Malachit,** $Cu_2[(OH)_2|CO_3]$, grün (malvenähnlich; gr. malaché = Malve), kristallisieren monoklin-prismatisch (C_{2h}^5); sie geben im Kölbchen Wasser, v. d. L. auf Kohle in der Reduktionsflamme ein Kupferkorn; mit Salzsäure brausen sie auf. Durch Aufnahme von Wasser und Verlust von Kohlensäure wandelt sich Kupferlasur in Malachit um; beide Mineralien pseudomorph nach Kupfererzen, auch nach Calcit, Dolomit.

Kristalle von Azurit (franz. azur = lasur = himmelblau) oft flächenreich und von sehr verschiedener Tracht; auch in kugeligen Gruppen, derb, erdig (Kupferblau), traubig-nierig. H. = 3½—4, D. = 3,7—3,9. Schöne Kristalle bei Betzdorf (Siegen), vor allem aber in Chessy bei Lyon und auf der Tsumebmine (Südwestafrika).

Kristalle von Malachit selten, meist nadelförmig; charakteristisch sind glaskopfartige, achatartig gebänderte Aggregate (z. B. im Ural [Mednarudjansk], Katanga in der Kongo-Republik). H. = 4, D. = 4,0.

Beide Mineralien entstehen bei der Verwitterung von Kupfererzen und sind sehr häufig; ihr Auftreten ist für Erzsucher Hinweis auf Kupfer. Örtlich wichtige Kupfererze; natürliche Mineralfarben. Malachit ist auch Schmuckstein; er wird zu Vasen und anderen Ziergegenständen verarbeitet.

Soda (Natrit), $Na_2CO_3 \cdot 10\,H_2O$, in der Natur wegen der leichten Löslichkeit und Verwitterung selten. Monoklin-prismatisch; meist schmutzigweiße bis graue Krusten und Überzüge. In bedeutenden Mengen in gewissen Natronseen (Ägyptens, Nord- und Südamerikas) und Natronsümpfen. Mehrfach als Ausblühung des Bodens und auf rezenten Laven. H. = 1—1½, D. = 1,44.

VI. Klasse: Nitrate

Von der Salpetersäure sich ableitende Verbindungen. Infolge ihrer Wasserlöslichkeit in der Natur wenig verbreitet.

Natronsalpeter (Chilesalpeter), $NaNO_3$. Ditrigonal-skalenoedrisch, D_{3d}^6; kristallisiert wie Kalkspat in Rhomboedern (Fig. 54). Kristallgitter analog Kalkspat (Fig. 65). Bildet in der Natur ausschließlich körnige, allerhand Verunreinigungen enthaltende Massen. Glasglanz. Weiß, gelb, grau; im Wasser leicht löslich. Spaltbar wie Kalkspat nach den Rhomboederflächen. H. = 1—1½, D. = 2,2—2,3. Hohe Lichtbrechung und noch stärkere Doppelbrechung als Kalkspat (vgl. Tab. I). Mächtige Lager von Natronsalpeter finden sich in regenlosen Gebieten des nördlichen Chile (Tarapaca mit dem Hafen Iquique), dann auch in Californien sowie Oberägypten u. a. O.

Wird als wertvolles Düngemittel zur Darstellung von Salpetersäure und von Kalisalpeter benutzt. Zur Fabrikation von Schießpulver ungeeignet, weil an der Luft feucht werdend. Die aus dem Stickstoff der Luft hergestellten Nitrate haben den Salpeterabsatz vermindert. Aus den bei der Umkristallisation des Natronsalpeters zurückbleibenden Mutterlaugen wird das meiste in den Handel kommende Jod gewonnen.

Kalisalpeter (KNO_3) findet sich als Bodenausblühung in Kalkhöhlen (Kehrsalpeter); größere Lager in Bolivien. Kristallisiert rhombisch-dipyramidal — D_{2h}^{16} — wie Aragonit (Fig. 68); in der Natur nur nadel- bis haarförmige Aggregate, Krusten. Farblos, grau. H. = 2, D. = 1,9—2,1. Schmelzpunkt 335° C. Nicht hygroskopisch und damit zur Herstellung von Schwarzpulver geeignet. Entstehung unter Mitwirkung von Mikroorganismen oder tierischen Abfällen.

VII. Klasse: Borate

Wasserfreie oder wasserhaltige Borate haben in der Natur eine geringe Verbreitung. Nach dem Auflösen oder Aufschließen geben sie eine deutliche Reaktion auf Bor.

Boracit, $Mg_6Cl_2B_{14}O_{26}$; oberhalb 268° C als α-Boracit kubisch-hex'tetraedrisch (T_d^5), unterhalb 265° C als β-Boracit (Staßfurtit) rhombisch (C_{2v}^5). Zur Beobachtung kommen meist mimetische Kristalle (feinste Zwillingslamellen) nach α-Boracit mit ausgezeichnet tetraedischen Formen; eine häufige Kombination stellt Fig. 73 dar: Würfel mit Rhombendodekaeder und Tetraeder. Bei Erhitzung über 265°C verschwindet der Viellingsbau, und es liegt Isotropie vor. H. = 7, D. = 2,9 bis 3. Die immer nur kleinen Kristalle sind glas- bis diamantglänzend, durchsichtig bis durchscheinend, gelegentlich mit einer trüben Kruste überzogen, farblos, grau, bläulich oder gelblich, aber auch bläulichrot (Manganboracit: Ericait) und finden sich z. B. im Gips bei Lüneburg, auf den Kalisalzgruben bei Wathlingen im Landkreis Celle und Hänigsen im Kreise Burgdorf-Hannover, im Kaliwerk Bleicherode bei Nordhausen und Bischofferode, vor allem in der Carnallitregion von Staßfurt; hier auch dichte, weiße Knollen („Staßfurtit") beobachtet. Boracit wird gelegentlich auf Borsäure und Borate verarbeitet.

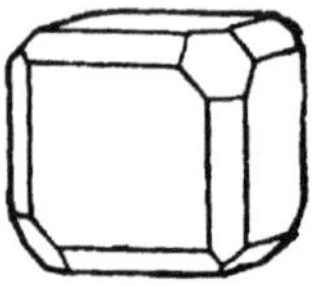

Fig. 73

Ascharit — nach Aschersleben, lat. Ascharia — (Szaibelyit, nach Stephan Szaibely), $MgHBO_3$, wohl rhombisch; parallelfaserige oder feinnadelige feste Massen, vorwiegend lockere (kreideartige). Weiß. Glasglanz. V. d. L. schmilzt er zu einer Emaille und färbt die Flamme kräftig grün. Sekundäres Mineral z. B. bei Băiţa Bihor (= Rézbanya) und in salzführenden sedimentären Boratlagerstätten (Inder See ndl. des Kaspischen Meeres, industriell abgebaut). H. = 3—3½. D. = 2,65.

Borax oder Tinkal, $Na_2B_4O_7 \cdot 10H_2O$, kristallisiert monoklin-prismatisch (C_{2h}^6); die Form der Kristalle ist augitähnlich (Fig. 108). Farblos, durchsichtig oder trüb und undurchsichtig. Fettglänzend; oberflächlich manchmal eine trübe Kruste. H. = 2—2½, D. = 1,7—1,8. In Wasser löslich; süßlich-salziger Geschmack. Findet sich als Absatz der sogenannten Boraxseen im westlichen Tibet, in Californien und vor allem in Nevada (technisch wichtiges Vorkommen) zusammen mit anderen borsauren Salzen. Sehr viel Borax wird aber auch aus der in Toskana gewonnenen Borsäure, $B(OH)_3$ [Sassolin, triklin; perlmutterglänzende Blättchen bei Sasso (Name!) in Toskana], fabrikmäßig dargestellt.

Kernit (Rasorit, nach C. M. Rasor der Pacific Coast Borax Comp.), $Na_2B_4O_7 \cdot 4H_2O$; monoklin-prismatisch (C_{2h}^4); grobspätige, wasserklare Massen, aber auch große Kristalle. H. = 2½, D. = 1,95. Wichtiges Bormineral, vor allem vom Kern County (Name!) in Californien. Durch schwache Kontaktmetamorphose aus Borax entstanden. Neuere Fundorte bei Barcelona, in Kleinasien und Argentinien.

Colemanit (nach W. T. Coleman, San Francisco), $Ca_2B_6O_{11} \cdot 5H_2O$, monoklin-prismatisch, C_{2h}^5, (gelegentlich flächenreiche Kristalle, meist körnig). Weiß. Hoher Glasglanz. Vollkommene Spaltbarkeit nach (010). H. = 4½. D. = 2,4. Große Colemanitlagerstätten (mit Gips und anderen Bormineralien) in Californien (besonders im Death Valley) und Nevada (USA); auch um Bigadiç und Emet, Anatolien (Türkei).

Ulexit (nach dem Hamburger Chemiker Georg L. Ulex, 1811—1883), $NaCaB_5O_9 \cdot 8H_2O$, wichtiges Bormineral vieler Boraxseen und -Sümpfe nord- und südamerikanischer Wüstengebiete; auf Kernitlagerstätten Californiens, auch bei Bigadiç, Anatolien (Türkei). Schneeweiß. Triklin-pinakoidal, C_i^1. H. = 2½. D. um 2,00.

Die Bormineralien dienen zur Herstellung von Borax sowie Perboraten zu Waschpulvern, Rasierseifen usw.; zu Glassorten und zu Emaille, als Düngemittelzusatz und zu Borsäure in der Medizin sowie Lederindustrie, aber auch als Raketentreibstoff. Ein aus Boraten und Kohle im elektrischen Widerstandsofen hergestelltes Borkarbid, B_4C, übertrifft an Härte noch Karborundum; wird als Schleifmittel und zu Schleifscheiben benutzt.

VIII. Klasse: Sulfate

Schwefelsaure Salze, die wasserfrei oder wasserhaltig in der Natur auftreten.

a) Wasserfreie Sulfate

Baryt (griech. baros = schwer sein) oder Schwerspat, $BaSO_4$. Rhombisch-dipyramidal; die Kristalle, oft ausgezeichnet ausgebildet und flächenreich (über 200 beobachtete Flächenformen!), tafelig oder prismatisch; häufige Kombinationen sind Vertikalprisma mit Basis, der Spaltform entsprechend (Fig. 74), oder Quer- und Längsprisma mit Basis (Fig. 75 und 76). Gitter: D_{2h}^{16}; die SO_4^{-2}-Gruppen in nahezu kubischen Tetraedern. Spaltbar nach der Basis (vollkommen, Perlmutterglanz!) und dem Vertikalprisma. Weiß oder in sehr verschiedenen, aber nicht kräftigen Farben; durchsichtig, meist trüb und undurchsichtig. Glasglanz. H. = 3—3½, D. = 4,5. Die großen Massen bilden körnige, blättrige und stengelige Aggregate, die durch ihre Schwere und Spaltbarkeit von ähnlich aussehenden Mineralien zu unterscheiden sind. Charakteristisch ist auch eine hahnen-

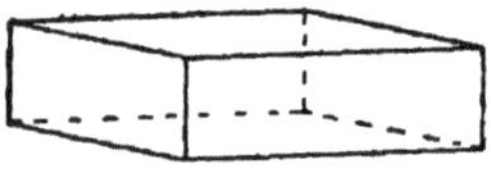

Fig. 74

Fig. 75

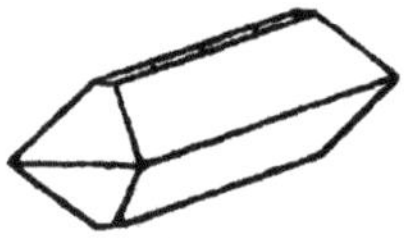

Fig. 76

kammartige bis halbkugelige Aggregierung. V. d. L. sehr schwer zur Perle schmelzbar; gelblichgrüne Flammenfärbung. Unlöslich in Salzsäure.

Schwerspat ist vorwiegend hydrothermaler Bildung; auf Erzgängen im Harz, Erzgebirge, in Böhmen (Příbram u. a. O.), Oberzeiring b. Judenburg (Steiermark), weiter Strawczynek b. Kielce (Polen), England (Dufton und Alston Moor), in Colorado usw.; derbe Schwerspatgänge kommen in Deutschland vielfach zum Abbau, wie bei Sontra, Bad Lauterberg am Harz, Oberkainsbach im Odenwald, bei Biber im Spessart, in der Dill- und Nahemulde u. a. O. Auch sonst ein sehr verbreitetes Bariummineral: In Verdrängung von Kalken in riesigen Lagern in Missouri (USA); sedimentärer Entstehung (konkretionäre Knollen) z. B. bei Münzenberg in Hessen; in wahrscheinlich aus Exhalationen gebildeten Sedimenten am Rammelsberg bei Goslar, vor allem aber bei Meggen an der Lenne (Westfalen); hier ein flözartiges Lager (bis 7 km) an der Grenze zwischen mittel- und oberdevonischen Sedimenten sehr rein, aber durch Bitumengehalt fast schwarz und als „Reduzierspat" bezeichnet (muß vor seiner Verwendung zunächst durch Glühen mit Kohle reduziert werden!).

Verwendung vielseitig. Wichtigster Grundstoff für die Farben-, Lithopone- (Gemenge von $BaSO_4$ und ZnS) und Lackherstellung, zum Glätten und Beschweren von Kunstdruckpapieren, als „Ölspat" zum Beschweren des Spülwassers bei Erdölbohrungen, als „Kohlenspat" in bestimmten Aufbereitungsverfahren der Steinkohle benutzt. Schwerspat ist das grundlegende Rohmaterial zur Darstellung von Bariumpräparaten und zur Herstellung von Reaktorenbeton.

Cölestin (coelestis, celestial = zum Himmel gehörig), $SrSO_4$. Rhombisch-dipyramidal. D_{2h}^{16}. Kristalle ähnlich Baryt, gewöhnlich tafelig oder prismatisch. Aggregate körnig; auch in Knollen. H. = 3—3½, D. = 3,9. Gelegentlich hydrothermal; vorwiegend gebildet durch Lateralsekretion auf Klüften und in Hohlräumen von Kalken, Dolomiten usw.; so farblose, prismatische Kristalle mit Schwefel in Sizilien, blaue, graue und rosafarbene von Rüdersdorf bei Berlin, blaue faserige Platten im Muschelkalk bei Jena, große tafelige Kristalle bei Obergembeck im Waldeck; ergiebige Cölestinlagerstätten in Mergeln von Clifton bei Bristol (England), bemerkenswert die in der Nähe von Stadtberge in Westfalen (Giershagen und Helmscheid). Gute Cölestinkristalle auf den Spatmagnesitlagerstätten Leogang (Salzburg) und Oberdorf a. d. Lamming (Steiermark). Cölestinkristalle und Cölestinmetasomatose in der Hüttenberger Lagerstätte (Kärnten). Unter den Strontiummineralien das wichtigste; Verwendung vgl. Strontianit (S. 91).

Anglesit (nach den Gruben in Anglesey, Wales), $PbSO_4$, bildet farblose und schwach gefärbte, diamantglänzende Kristalle; vorwiegend tafelig, selten kurzsäulig oder pyramidal. Wie Baryt: Rhombisch-dipyramidal. D_{2h}^{16}. Oxydationsprodukt von Bleiglanz (Wissen an der Sieg, Bleialf in der Eifel, Badenweiler und Schapbach in Baden, vor allem in Monte Poni auf Sardinien, Linares in Spanien u. a. O.). H. = 3, D. = 6,3 (hoch!). V. d. L. in der Reduktionsflamme auf Kohle ein Bleikorn. Löslich in Kalilauge. — Gelegentlich als Bleierz verhüttet.

Anhydrit (griech. an = ohne, hydro = Wasser), $CaSO_4$, rhombisch-dipyramidal (D_{2h}^{17}); kleine prismatische Kristalle (Fig. 77) im Kieserit von Staßfurt, sonst fast immer derb, grob- bis feinkörnig; spaltbar nach den drei aufeinander senkrechten Endflächen (001), (010) und (100), aber ungleichwertig; am vollkommensten nach (001). Durchsichtig oder durchscheinend, glasglänzend; farblos, weiß, grau, rot, bläulich. H. = 3—4, D. = 2,9 bis 3. Schmilzt v. d. L. schwer zu weißer Perle. Kommt fast stets chemisch-sedimentär, meist mit Steinsalz zusammen, vor; reichlich und gesteinsbildend, z. B. im deutschen Zechstein (Anhydrit-Region), in den alpinen Salzlagerstätten. Anhydrit geht durch Wasseraufnahme unter Volumausdehnung (etwa 60%) in Gips über und bildet den sogenannten Schlangenalabaster; diese Volumzunahme bedingt örtliche Bewegungen der Erdkruste.

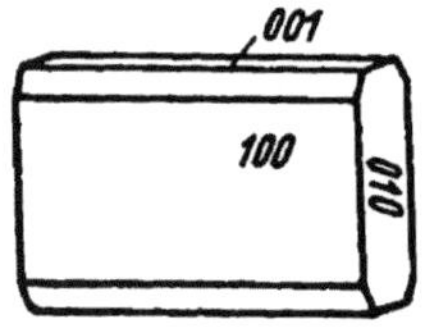

Fig. 77

Selten hydrothermal auf Erzlagerstätten (z. B. Bad Lauterberg, St. Andreasberg im Harz, Bleiberg-Kreuth/Kärnten). Wird u. a. zur Gewinnung von Ammoniumsulfat in den Leunawerken (Haber-Bosch-Verfahren) verwendet.

b) Wasserhaltige Sulfate

Gips, $CaSO_4 \cdot 2H_2O$, monoklin-prismatisch (C_{2h}^6). Kristalle häufig begrenzt von Vertikalprisma, Längsfläche und Pyramide oder Längsprisma (Fig. 78); oft linsenförmig gekrümmt. Auch dicktafelig nach (010). Zwillingsbildung häufig; wegen ihrer Form (Fig. 79) Schwalbenschwanzzwillinge genannt; Zwillingsebene die Querfläche. Nicht selten Durchkreuzungszwillinge. Derbe Massen grobspätig, feinfaserig (Fasergips) und meist körnig; reiner, feinkörniger Gips heißt Alabaster (nach der ägypt. Stadt Alabastron), große, klare Spaltungsstücke führen die Bezeichnung Marienglas. Vielfach pseudomorph nach Anhydrit, aber auch Steinsalz und Kalkspat. Gips ist nach der Längsfläche (010) sehr vollkommen spaltbar (Perlmutterglanz); weniger gut, aber immer noch deutlich, spaltet er parallel der Querfläche (muschelig) und parallel ($\bar{1}11$) (faserig). Farblos, auch gelblich, grau und rot. Durch Bitumen verunreinigt (Stinkgips). Durchsichtig oder durchscheinend. Glasglanz. H. = 2, D. = 2,3—2,4. Gibt im Kölbchen Wasser.

Fig. 78

Fig. 79

Bildung entweder unmittelbar aus wässerigen Lösungen oder durch Wasseraufnahme aus Anhydrit (vgl. S. 98). Vorkommen in erster Linie in zahlreichen Salzlagerstätten (in Deutschland besonders in den Perm- und Triasablagerungen). Große, klar durchsichtige, farblose Kristalle auf den Schwefellagerstätten von Sizilien, in den Miozän-Sedimenten im Nida-Tal (Mittelpolen), ferner in Gipshöhlen, z. B. bei

Reinhardsbrunn im Thüringer Wald; große gelbliche Schwalbenschwanzzwillinge am Montmartre bei Paris. Kristallgruppen als konkretionäre Ausscheidungen nicht selten im Ton, z. B. bei Mainz, Braunschweig, Wiesloch in Baden. Die körnigen Massen, die mit und ohne Steinsalz vorkommen, sind chemisch-sedimentärer Bildung (Ausscheidungen ozeanischer Salzlagerstätten), die Kristalle und faserigen Aggregate in Hohlräumen und auf Klüften aus Lösungen, die Gips gelöst hatten, abgesetzt. Auch durch Verwitterung von Bleiglanz, Zinkblende usw. auf sulfidischen Lagerstätten beobachtet.

Durch Erwärmen auf 120—130°C verliert Gips den größten Teil seines Wassers, wobei er in das Halbhydrat $CaSO_4 \cdot \frac{1}{2}H_2O$ (als Bassanit — nach Prof. F. Bassani, Neapel — in der Natur ganz selten) übergeht; dieser „gebrannte" Gips nimmt das verlorene Wasser wieder sehr schnell auf und wird hierbei fest. Hierauf beruht seine Verwendbarkeit zu Stuck („Stuckgips"), Abgüssen und Verbänden. Durch stärkeres Erhitzen (auf 190°C) wird Gips wasserfrei, „tot" gebrannt, und verliert dadurch die Fähigkeit, Wasser schnell zu binden, sondern erst allmählich in einigen Tagen (Estrich- oder Mörtelgips). Gelegentlich dient Gips zur Gewinnung von Schwefel und Schwefelsäure. Hauptverbraucher von Gips ist die Bauindustrie; weiter verwendet zur Herstellung von Zement, von Düngemittel (Ammonsulfat), Farben, Emaille, Porzellan, Gipsplatten usw. Alabaster wird zu Vasen, Skulpturen u. dgl. verarbeitet.

Kupfervitriol oder Chalkanthit (griech. chalkos = Kupfer, anthos = Blüte); $CuSO_4 \cdot 5H_2O$. Triklin-pinakoidal (C_i^1). Natürliche Kristalle selten, meist krustenförmig und als Ausblühung. Blau. Glasglänzend. H. = 2½, D. = 2,2—2,3. Als Verwitterungsprodukt von Kupfererzen in der Oxydationszone, gewöhnlich in dichten Massen, in Stalaktiten vor allem auf alten Bauten beobachtet, z. B. Rammelsberg bei Goslar. In Chuquicamata (Chile) eines der wichtigsten Kupfererze.

Kieserit (nach Prof. G. Kieser), $MgSO_4 \cdot H_2O$, monoklinprismatisch (Kristalle selten; C_{2h}^6); weiße bis gelbliche körnige Massen auf den verschiedenen Kalisalzlagerstätten (Kieseritregion!) Norddeutschlands; auch bei Hallstatt,

Kalusz (Westukraine) u. a. O. H. = $3\frac{1}{2}$ (für ein Salzmineral hart!), D. = 2,57. Geht an feuchter Luft unter Aufnahme von Wasser in

Bittersalz (Epsomit, nach Epsom in England), $MgSO_4 \cdot 7H_2O$, über. Rhombisch-disphenoidisch (D_2^4); Kristalle in der Natur kaum beobachtet. Als Ausblühung (in der Nähe des Eltonsees, in den sibirischen Steppen usw.), als Verwitterungsprodukt auf Erzlagerstätten (Herrengrund, Neusohl u. a.) und als Ausscheidung aus Salzseen. H. = 2—$2\frac{1}{2}$, D. = 1,68. Geschmack bitter, salzig. Verwendung als Beize in der Färberei, zu Appreturen und medizinisch (in Heilquellen).

Glaubersalz (nach dem Chemiker J. R. Glauber), $Na_2SO_4 \cdot 10H_2O$. Kristallisiert monoklin-prismatisch (C_{2h}); natürlich nur in faserigen Krusten und Ausblühungen. Kennzeichnend ein kühlender salzig-bitterer Geschmack. Auf alpinen Salzlagerstätten, als Abscheidung von Salzseen, als Beschlag auf Gips, Steinsalz. Wird nach Kalzination zur Glasfabrikation verwendet, dann zur Herstellung von Wasserglas, zu Farbbändern, bei der Darstellung von Sulfatcellulose. H. = $1\frac{1}{2}$, D. = 1,49.

Kainit (griech. kainos = neu), $KCl \cdot MgSO_4 \cdot 3H_2O$, monoklin-prismatisch ($C_{2h}^3$). Meist nur zuckerkörnige Aggregate in derben Massen. Vollkommene Spaltbarkeit nach (100). Weiß, oft gelblich, auch rot. H. = 3, D. = 2,1. Durchscheinend. An der Luft ziemlich beständig. Wichtiges und auch verbreitetes Mineral auf den Kalisalzlagerstätten Norddeutschlands, sekundär aus Carnallit (vgl. S. 78) hervorgegangen und so als „Hutbildung“ der Carnallitregion. Auch in Kalusz (Westukraine) beobachtet. In gemahlenem Zustand begehrter Kalidünger.

Polyhalit (griech. polys = viel, hals = Salz), $2CaSO_4 \cdot MgSO_4 \cdot K_2SO_4 \cdot 2H_2O$, kristallisiert triklin-pinakoidal (Ci).

Kristalle klein und selten; gewöhnlich derbe Massen oder langfaserig-blättrig. Zwillingsstreifung gelegentlich wie bei Plagioklas. Vollkommene Spaltbarkeit nach der Basis. Lebhaft rot (durch Eisenoxydeinschlüsse) oder grau bis gelb. Durchscheinend. Schwacher Fettglanz. H. = 3—3½, D. = 2,77. Vorkommen in erheblichen Mengen in der sogenannten Polyhalitregion der norddeutschen und anderer Kalisalzlagerstätten. Auch in den alpinen Salzlagerstätten. Wegen des geringen Kaligehaltes (16%) nur gelegentlich abgebaut.

IX. Klasse: Molybdate und Wolframate

Wasserfreie Salze der Molybdän- und Wolframsäure, gekennzeichnet durch ein hohes spezifisches Gewicht.

Wulfenit (nach dem österr. Mineralogen Freiherr von F. X. Wulfen), auch Gelbbleierz, $PbMoO_4$, in kräftig gelben bis orangeroten, auch roten, seltener farblosen Kristallen der tetragonal-pyramidalen Klasse (C_4); fast immer aufgewachsene quadratische Täfelchen nach der Basis, seltener pyramidal (Kombinationen stumpfer oder spitzer Pyramiden) oder kurzsäulig. Auch derb und krustig. Diamant- bis Harzglanz. Durchsichtig bis durchscheinend. H. = 3, D. = 6,7 bis 6,9. V. d. L. unter Zerknistern leicht schmelzbar; auf Kohle zu Bleikorn reduzierbar. Charakteristisches Produkt der Oxydationszone von Bleiglanzlagerstätten und örtlich als Molybdänerz abgebaut (Bleiberg-Kreuth in Kärnten, Mieß in Jugoslawien, auch Höllental bei Garmisch).

Scheelit, nach dem schwed. Chemiker K. W. Scheele; auch Tungstein (schwed. tung = schwer, sten = Stein), $CaWO_4$, tetragonal-dipyramidal; vorwiegend pseudooktaedrischer Habitus (tetragonale Dipyramiden). Gitter C_{4h}^6. Gelb und braun, selten farblos, fett bis glasglänzend, durchscheinend, H. = 4½—5, D. = 6. Nach (111) deutlich spaltbar. V. d. L. unschmelzbar. Mit konzentrierter Schwefelsäure erwärmt, blaue Lösung.

Findet sich in pegmatitisch-pneumatolytischen Bildungen, z. T. mit Wolframit zusammen (Brasilien und Südwestafrika), pneumatolytisch-hydrothermal (Příbram), kontaktpneumatolytisch-heißthermal (Uludağ b. Bursa in der Türkei), dann kontaktmetasomatisch (Traversella in Piemont, Pitkäranta in Finnland usw.), aber auch hydrothermal (Schellgaden in Salzburg, in Hinterindien [Kramat-Pulay, Kinta-Tal], im Norden der Insel Tasmanien u. a. O.) und hydrothermal-metasomatisch (Oruro in Bolivien). Selten auf Klüften (Riesengrund an der Schneekoppe, Untersulzbachtal usw.). Scheelit ist nach Wolframit das wichtigste Wolframerz. Bedeutende Scheelitgewinnung auf der hydrothermalen Spatmagnesitlagerstätte Lanersbach bei Tux/Zillertal (Tirol).

Wolframit ist eine isomorphe Mischung von $(Fe, Mn)WO_4$. Monoklin-prismatisch (C_{2h}^4); kurzprismatische (Fig. 80) bis stengelige oder dicktafelige Kristalle; auch dicht in grobkörnigen Aggregaten. Metallglänzend, undurchsichtig, dunkelbraun bis schwarz, mit dunkelrotbraunem Strich. H. = 5—5½, D. = 7,14—7,54. Nach (010) vollkommene Spaltbarkeit. Wichtigstes Wolframerz, gebunden an pegmatitisch-pneumatolytische Lagerstätten, vor allem des Zinnsteins (wie im sächsisch-böhmischen Erzgebirge); bedeutsamen Abbau haben China (Provinzen Jünnan und Kwantung), die Malaienstaaten und Birma, Südkorea u. a. O.

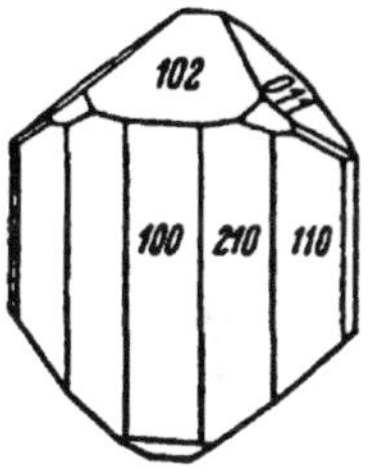

Fig. 80

Wird zur Darstellung der Wolframpräparate, als Zusatz zu Stahl (Wolframstahl) und Schnelldrähten, als reines Wolfram (wegen seiner schweren Schmelzbarkeit) zu den Fäden elektrischer Glühlampen benutzt. Ein Wolframkarbid, Widia genannt, ist hart wie Diamant und wird, an Stahlwerkzeuge angeschweißt, zur

Bearbeitung von Glasgeräten und zu Schneidscheiben verwendet. Auch für Schmelzfarben und als Na_2WO_4 für unverbrennbare Webstoffe von Bedeutung. Wolfram hat auch Bedeutung in der Raketentechnik.

X. Klasse: Chromate

Rotbleierz, auch Krokoit (griech. krokos = Safran), $PbCrO_4$. Intensivgelbrote, fettglänzende, langprismatische Kristalle (monoklin-prismatisch, C_{5h}^2), die sich in der Oxydationszone von Bleiglanzlagerstätten bei Anwesenheit von chromhaltigen Lösungen bilden (z. B. in der Nähe chromhaltiger Eruptivgesteine). H. = 2½—3, D. = 5,9—6. Ungewöhnlich starke Doppelbrechung: 0,35 (vgl. Tab. I), doppelt so stark wie Calcit (0,17). In Salzsäure unter Abscheidung von $PbCl_2$ löslich. V. d. L. leicht schmelzend, auf Kohle eine Schlacke mit Bleikügelchen. Bekannt ist der Krokoit aus der Golderzlagerstätte Berjosowsk (bei Swerdlowsk), von der Insel Tasmanien (aus Serpentiniten) und anderen Fundorten.

XI. Klasse: Phosphate

(sowie Arsenate und Vanadate)

Die Mineralien dieser Klasse bestehen aus Verbindungen, die sich von der dreibasischen Phosphorsäure H_3PO_4 (bzw. Arsensäure H_3AsO_4 und Vanadinsäure H_3VO_4) ableiten lassen. Sie sind überwiegend wasserhaltig. Die Struktur wird vorwiegend durch PO_4-, AsO_4- und VO_4-Tetraeder bestimmt.
Die Zahl der in der Natur auftretenden Phosphate ist außerordentlich groß; die meisten sind jedoch seltene Pegmatit- und Hutmineralien. Nur die allerwichtigsten kommen zur Besprechung.

a) Wasserfreie Phosphate

Apatit (griech. apatáo = ich täusche), $Ca_5Cl(PO_4)_3$ bzw. $Ca_5F(PO_4)_3$, aber meist in gegenseitiger isomorpher Mischung. Hexagonal-dipyramidal (C_{6h}^2). Außer dem Prisma erster

Stellung treten Dipyramiden erster und zweiter Stellung auf; letztere kommen aber nur mit der Hälfte der Flächen (die Kanten zwischen Prisma erster und Bipyramide zweiter Stellung abstumpfend) vor, so daß Apatit hemiedrisch ist (Fig. 81); diese Hemiedrie ist auch mit Ätzfiguren nachweisbar. Durchsichtig bis undurchsichtig, glasglänzend, farblos, gelb bis ölgrün (Spargelstein), braun, blaugrün, violett usw.; unvollkommen nach der Basis spaltbar. H. = 5, D. = 3,2. — Verbreitetes und wichtiges Mineral; tafelige Kristalle aufgewachsen in pegmatitisch-pneumatolytischen Gängen im Erzgebirge; auf Klüften kristalliner Schiefer in den Alpen, oft flächenreich; eingewachsen in prismatischen bis nadeligen Kristallen, meist nur von mikroskopischer Größe in fast allen Eruptivgesteinen und hierdurch über die ganze Erde verbreitet, so daß man im Apatit den ursprünglichen Träger des Phosphors erblicken kann. Sehr feinkörnig in den magmatischen Eisenerzen von Kiruna (Schweden). Reichlich zusammen mit Pyrochlor — $(Na, Ca)_2 (Nb, Ta, Ti)_2O_6 (OH, F, O)$ — in Karbonatiten von Kivu (Kongo-Rep.). Dichte und erdige, sedimentär oder metasomatisch gebildete Massen (Phosphorit) in Lagern an der unteren Lahn in Nassau, bei Amberg in Bayern, in Belgien, in Frankreich, am Nordrand der Góry Swiętokrzyskie (Heiligenkreuz-Gebirge) in Polen, dann Algier, Tunis, vor allem in den Chibiny-Tundren in Lappland nördlich des Polarkreises, in der südrussischen Senke, in den Vereinigten Staaten (Idaho, Wyoming, Utah, Montana, vor allem aber Florida), auf den Koralleninseln der Südsee; sie werden zu Düngemittel (Superphosphat) verarbeitet. Farbiger und klarer Apatit ist gelegentlicher Schmuckstein.

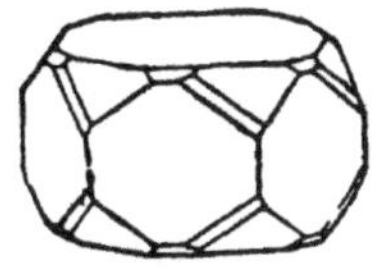

Fig. 81

Pyromorphit (griech. pyr = Feuer, morphe = Gestalt), auch Braunbleierz, $Pb_5Cl(PO_4)_3$. Hexagonal-dipyramidal,

C_{6h}^2; meist in bauchigen, faßförmigen, sechsseitigen Prismen von vorwiegend grüner bis brauner, auch weißer Farbe in den Oxidationszonen von Bleierzlagerstätten, z. B. Grube Friedrichssegen bei Ems, Holzappel, Rosenberg b. Braubach, Wissen an der Sieg, Badenweiler und Hofsgrund in Baden, Stříbro = Mies in Böhmen und an vielen anderen Orten. V. d. L. leicht und zu einer facettierten Perle schmelzbar. Mit Soda auf Kohle Bleikorn. H. = 3½—4, D. = 6,7—7,0. Isomorph mit Apatit. Ähnlich Pyromorphit ist

Mimetesit (griech. mimetes = Nachahmer), auch Grünbleierz, $Pb_5Cl(AsO_4)$, das v. d. L. unter Entwicklung von Arsendämpfen zu Blei reduzierbar ist. Im Aussehen (gewöhnlich honiggelb) und Vorkommen analog Pyromorphit, aber an arsenhaltige Bleiglanzlagerstätten gebunden. Gut ausgebildete Kristalle — hexagonal-dipyramidal — von Tsumeb (Südwestafrika), Chihuahua (Mexiko), Tintic im Staate Utah (USA) usw.

Vanadinit, $Pb_5Cl(VO_4)_3$. Hexagonal-dipyramidal, C_{6h}^2; prismatische oder nadelige Kristalle, gelegentlich mit Hohlprismen, sowie radialstrahlige Aggregate. In der Oxidationszone sulfidischer Blei- und Zinklagerstätten, wie Bleiberg und Obir in Kärnten (in Paragenese mit Descloizit), Tsumeb in Südwestafrika usw.

Amblygonit (griech. amblys = stumpf, gonía = Winkel), $LiAl[F|PO_4]$, wichtiges Mineral zur Gewinnung von Lithium, triklin-pinakoidal (C_i^1), bisweilen in großen, schlecht ausgebildeten Kristallen, gewöhnlich aber in Spaltstücken und spätigen Aggregaten. Höchst vollkommen nach (001) spaltbar. Weiß mit grünlicher und grauer Tönung. H. = 6, D. = 3,0—3,1. In Pegmatitgängen der Provinz Estremadura (Spanien), Varuträsk (Schweden), bei Asch (Aš) in Böhmen usw.

Lithium findet in der Metallurgie eine vielseitige Verwendung, dann in der keramischen Industrie; gebraucht zur Herstellung von Schmierfetten, für Enteisungsanlagen bei Flugzeugen, bei Klimaanlagen, für Spezialgläser, aber auch als Katalysator. In der Atomphysik wird Lithiumhydrid als Neutronenabschirmstoff in Reaktoren benutzt. Ferner Ausgangsmaterial für die Tritiumherstellung.

Lazulith (Blauspat), (Mg, Fe'')$Al_2[OH \mid PO_4]_2$, spitzpyramidale Kristalle selten (monoklin-prismatisch, C_{2h}^5), meist derb. Himmelblau, glasglänzend, stark dichroitisch. H. = 5—6. D. etwa 3,1. U. a. in Quarziten bei Werfen (Salzburg), auf Quarzgängen von Fischbach und Krieglach, am Gorner Grat bei Zermatt (Schweiz) in Knollen innerhalb lagerförmiger Quarzmassen. Wird für kunstgewerbliche Zwecke benutzt.

Descloizit, Pb(Zn, Cu)$[OH \mid VO_4]$, rhombisch-disphenoidisch (D_2^4), meist traubige und krustenförmige Aggregate von brauner bis braunroter Farbe mit hohem Harz- bis Diamantglanz. H. = 3½. D. = 5,5—6,2. Wichtiges Vanadiumerz, z. B. von Abenab und Tsumeb in Südwestafrika, dann in Rhodesien, Katanga.

Monazit (griech. monazein = allein sein) ist ein Phosphat seltener Erden, (Ce, La, Di, Th)PO_4, mit ½—19% Thorium. Monoklin-prismatisch (C_{2h}^5). Kristalle tafelig und verzwillingt nach (100); Tracht mit der Paragenese wechselnd. Oft in Körnern und Rollstücken. Farbe dunkelbraun bis hellgelb. Undeutliche Spaltbarkeit. H. = 5—5½, D. = 4,8—5,5. Stark harzglänzend und meist nur durchscheinend. V. d. L. unschmelzbar. Häufig radioaktiv (durch ThO_2-Gehalt). Mit Schwefelsäure befeuchtet grüne Flammenfärbung. Spärlicher Gemengteil von Graniten und Gneisen, in Finnland von Granuliten; in Pegmatiten größere Kristalle, z. B. von Schreiberhau im Riesengebirge, von Madagaskar (in Ankasoba und am Wolhambohitra-Berg), größere Massen u. a. zu Amelia Court House, Virginia. Neben Pechblende in Shinkolobwe, Katanga. Praktische Bedeutung haben nur Seifen (Monazitsande), vor allem in Brasilien (Minas Geraes, Bahia usw.), Vorderindien (Küste von Travancore) sowie Ceylon, aber auch Nord- und Südcarolina (USA).

Die gewonnene Thoriumerde wurde zur Herstellung der Auerschen Gasglühlichtstrümpfe benutzt; später Katalysatorbestandteil in der Fischer-Tropsch-Synthese; jetzt ein wichtiger Reaktorbrennstoff in den sog. Brutreaktoren, in denen Neutronen der Uranspaltung das Thorium wieder in spaltbares Uran überführen. Ein wertvolles Nebenprodukt ist das radioaktive Mesothorium. Die Monazitsande sind das wichtigste Cer-Erz (vgl. Orthit S. 126).

Xenotim [griech. xenotimos = gastfreundlich (gegenüber anderen Bestandteilen)], $Y[PO_4]$, ditetragonal-dipyramidal (D_{4h}^{19}), hat Zinnstein und Zirkon ähnliche Kristalle von gelbbrauner bis grauer Farbe. H. = 4—5. D. = 4,5—4,6. Häufig radioaktiv. In Graniten und Pegmatiten Norwegens (Hitterö bei Arendal, Kragerö in Telemarken), Schwedens (Ytterby), in Schreiberhau (Schlesien) usw., aber auch in Seifen von Brasilien u. a. Xenotim ist ein Hauptmineral für die Gewinnung von Yttererden.

b) Wasserhaltige Phosphate

Türkis (Kalait, griech. kalos = schön), $CuAl_6(PO_4)_4 \cdot (OH)_8 \cdot 4H_2O$, dicht, traubig-nierig, undurchsichtig, wegen seiner himmelblauen Farbe (auch blaugrün bis apfelgrün) als Edelstein geschätzt. Selten in winzigen, triklinen Kriställchen (C_i^1). H. = 5—6, D. = 2,6—2,8. Die besten Türkise liefert Iran (Nishapur und Chorassan); hier als Zersetzungsprodukt auf schmalen Klüften und in Hohlräumen von Trachyt. Grüner, weniger geschätzter Türkis findet sich in Jordansmühl, Schlesien; besserer und schleifwürdiger Türkis kommt von New Mexiko, Nevada und Colorado; Türkis-Matrix, als Schmuckstein beliebt, ist Türkis mit eingeschlossenem Begleitstein oder mit Druck- und Schrumpfrissen, die Brauneisen und wasserhaltige Manganoxide enthalten.

Vivianit (nach dem engl. Mineralogen J. G. Vivian), auch Blaueisenerz, $Fe_3(PO_4)_2 \cdot 8H_2O$, vorwiegend strahlige, faserige Aggregate; langsäulige monokline Kristalle (C_{2h}^3), aufgewachsen; auch erdig (Blaueisenerde) und nierenförmig. Im frischen Zustand farblos oder weiß, an der Luft sofort blau (durch Oxidierung von Fe^{2+} zu Fe^{3+}). Auch der zunächst farblose Strich wird indigoblau; oxidiertes Pulver lederbraun. Nach (010) vollk. spaltend. H. = 2, D. = 2,6 bis 2,7. Schmilzt leicht; grüne Flammenfärbung; v. d. L. magnetisch. In Salzsäure löslich. Bildet sich unter Luftabschluß aus ferrohaltigen Mineralien auf Klüften (Waldsassen in Bayern, Llallagua in Bolivien u. a. O.). Konkretionär in Tonen; in fossilen Knochen und Muscheln, z. B. auf der Halbinsel Kertsch.

Skorodit, $Fe'''(AsO_4) \cdot 2H_2O$, mit charakteristischem Knoblauch- (griech. skorodon) Geruch beim Anschlag mit dem Hammer. Rhombisch-dipyramidal (C_{2h}^2), häufig pseudohexagonal; gewöhnlich erdig. Grün, blaugrün. Verwitterungsprodukt arsenkiesreicher Lagerstätten. D. = 3,3. H. = $3\frac{1}{2}$. Am Graul bei Schwarzenberg (Sachsen), Johann-Georgenstadt, Hüttenberger Erzberg (Kärnten) usw.

Uranglimmer. Typische Oxydationsprodukte auf Uranlagerstätten mit „glimmerartiger" Spaltbarkeit und zeolithartig gebundenem Wasser (vorwiegend $8H_2O$), die intensiv gelb oder grün gefärbt und stark radioaktiv sind. Chemisch basische Phosphate, Arsenate und Vanadate, die in der Hauptsache aus Doppelsalzen zweiwertiger Metalle (Ca, Ba, Cu, Mg usw.) und K mit dem zweiwertig sich verhaltenden Uranyl (UO_2) bestehen. Kristallstruktur typisch schichtig.

Die Zahl der bisher bekannten Uranglimmer ist groß; einige werden hier kurz angeführt:

Torbernit (nach dem Chemiker Torbern Bergmann), $Cu[UO_2 | PO_4]_2 \cdot 8{-}12\ H_2O$. Ditetragonal-dipyramidal. D_{4h}^{17}. Gewöhnlich schuppige Anhäufungen und pulverige Beschläge; die dünntafeligen Kriställchen scharf ausgebildet. Smaragdgrün (satter als Autunit), auf der Spaltfläche perlmutterglänzend. Mit Pechblende im Böhmisch-Sächsischen Erzgebirge, mit Flußspat bei Wölsendorf (Oberpfalz), mit Autunit im Fichtelgebirge und Bayerischen Wald, weiter bei Falkenstein (Vogtland), besonders reichlich bei Shinkolobwe in Katanga; in Pegmatiten bei Villa formosa in Portugal.

Autunit, $Ca[UO_2 | PO_4]_2 \cdot 8H_2O$. Ditetragonal-dipyramidal. D_{4h}^{17}. Dünntafelige Kriställchen, schuppig aggregiert. Grün, grünlichgelb; ausgebleicht auripigmentähnlich. Vorkommen wie Torbernit; Autun (Name!) im Dept. Loire (Frankreich) und Margnac ndl.

Limoges sind erwähnenswert, auch der Erzdistrikt von Jáchymov (Joachimsthal) in Böhmen.

Uranocircit, $Ba[UO_2 | PO_4]_2 \cdot 8H_2O$. Ditetragonal-dipyramidal. D_{4h}^{17}. Autunit ähnlich, aber schmutziggelb bis grüngelb. Auf Quarzgängen von Bergen, mit Uranotil (S. 124) bei Wölsendorf, dann Falkenstein (Name! Uran und griech. kirkos = Falke), Bayern sowie bei Menzenschwand (Feldberggebiet, Baden).

Carnotit (nach A. Carnot), $K_2[UO_2 | VO_4]_2 \cdot 3H_2O$ (mit diadochem Na, Ca, Cu, Pb). Monoklin-prismatisch. (C_{2h}^5). Kanariengelbe Körnchen (besonders in Sandstein) und pulverige Massen. Imprägnationsprodukt in den Carnotitsandsteinen von Utah und Colorado, weiter in Neumexiko und im Katangagebiet.

Tujamunit (Tyuyamunit), $Ca[UO_2 | VO_4]_2 \cdot 8H_2O$. Rhombisch dipyramidal. Feinplattige Kristalle; feinschuppige erdige Massen. Intensiv gelb, manchmal mit grünlicher oder oranger Tönung. Wichtigstes Vorkommen als Imprägnation im Devonkalkstein bei Tyuya-Muyun (Name!), Fergana in Ostturkestan; untergeordnet auch in Paradox Valley, Colorado.

Parsonsit (nach Prof. A. L. Parsons), $Pb_2[UO_2 | (PO_4)_2] \cdot 2H_2O$. Monoklin. Tafelig nach (010) mit 15° Auslöschungsschiefe (gegen die längere Kante). Fahlgelbbraun. In Wölsendorf (Bayern), Shinkolobwe (Katanga) und anderen Uranlagerstätten.

XII. Klasse: Silikate

Die Silikate sind Verbindungen der Kieselsäure mit Basen, von denen K, Na, Ca, Mg, Fe und Al am häufigsten sind. Sie enthalten entweder nur eine dieser Basen oder mehrere. Aluminium kann in den Silikatstrukturen teilweise die Positionen des Si einnehmen (Aluminatsilikate).

Die Zahl der Silikate ist sehr groß, weil die erwähnten Bestandteile in recht verschiedenen Mengenverhältnissen vereinigt sein können. Bemerkenswert ist ihre Struktur; sie wird nun vorwiegend als Einteilungsgrundlage der Silikate genommen, wobei für bestimmte Gruppen charakteristische Bauprinzipien bestimmend sind.

Das grundlegende Gerüst aller Silikatstrukturen ist das $[SiO_4]^{-4}$-Tetraeder; bei diesem ist das Si-Ion tetraedrisch oder annähernd tetraedrisch von 4 Sauerstoff-Ionen umgeben (Fig. 82). Wesentlich ist nun, daß die Kieselsäuretetraeder im Kristallgitter eine sehr verschiedenartige Gruppierung und Anordnung erfahren können, wobei sie jeweils von geeigneten Kationen (positiv geladenen Ionen) abgesättigt und untereinander zusammengehalten werden. Man unterscheidet:

1. **Inselsilikate** [oder Nesosilikate (gr. nesos = Insel)]. Selbständige und durch Kationen verbundene $[SiO_4]^{-4}$-Tetraeder; man spricht vom Inselgitter (Fig. 82) oder Orthotypus, weil eine Ableitung von der Orthokieselsäure H_4SiO_4 möglich ist (Orthosilikate). Beispiele: Phenakit $Be_2[SiO_4]$, bei welchem die vier freien Valenzen durch zwei Be^{+2} abgesättigt sind. Chrysoberyll $Al_2[BeO_4]$. Olivin $(Mg, Fe)_2[SiO_4]$.

2. **Gruppensilikate** [oder Sorosilikate (gr. sorós = Gruppe)]. Wenn zwei Tetraeder von $[SiO_4]^{-4}$ als Gruppe zusammentreten (Fig. 83), so haben sie eine Ecke gemeinsam; ein Sauerstoff gehört dann gleichzeitig beiden Tetraedern an, wodurch zwei Valenzen verloren gehen; daher $[Si_2O_7]^{-6}$ (mit endlichen Gruppen von SiO_4-Tetraedern). Beispiele: Thortveitit (ein seltenes Mineral mancher Granitpegmatite) $Sc_2[Si_2O_7]$; Åkermanit $Ca_2Mg\ [Si_2O_7]$.

3. **Ringsilikate** [oder Cyclosilikate (gr. kyklos = Kreis, Ring)]. Die $[SiO_4]^{-4}$-Tetraeder können im Gitter zu einem Ring zusammentreten. Wenn

a) drei Tetraeder einen Ring bilden (Fig. 84), so sind drei Sauerstoffatome gemeinsam. Schreibweise: $[Si_3O_9]^{-6}$. Beispiel: Benitoit BaTi Si_3O_9.

Fig. 82

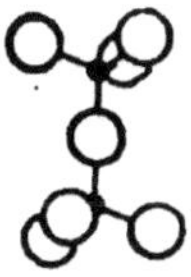

Fig. 83

Fig. 84

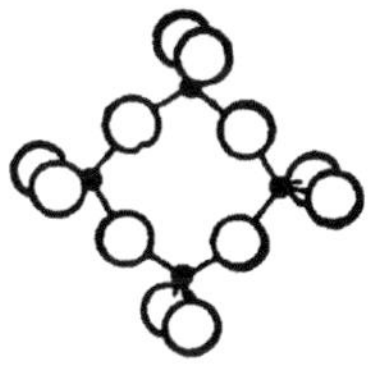

Fig. 85

Fig. 86

b) Ein Vierer-Ring (Fig. 85) entsteht durch Verknüpfung von vier Tetraedern. $[Si_4O_{12}]^{-8}$, wie z. B. bei Neptunit (ein seltenes matitisches Mineral) $Na_2FeTi[Si_4O_{12}]$.

c) Von größerer Bedeutung sind die Sechser-Ringe (Fig. 86) mit $[Si_6O_{18}]^{-12}$, wobei als Beispiel Beryll $Be_3Al_2[Si_6O_{18}]$ allgemein bekannt ist.

4. **Kettensilikate.** Die Tetraeder sind so aneinandergereiht und jeweils durch ein gemeinsames Sauerstoffatom miteinander verbunden, daß eine offene (unendliche) Kette (Fig. 87a) entsteht. Im Kristallgitter liegen beliebig viele, durch Kationen untereinander verbundene Ketten parallel zueinander. Der kettenförmige Aufbau erklärt manche physikalischen Eigenschaften dieser Silikate, z. B. die fehlende Spaltbarkeit nach der Basis, zu welcher die Ketten senkrecht stehen. Für ein Si-Ion liegen nur $2 + {}^2/_2 =$ 3 Sauerstoffatome vor, wodurch sich der Typus $\infty\,[SiO_3]^{-2}$ ergibt. Schreibweise auch verdoppelt, also: $\infty\,[Si_2O_6]^{-4}$. Beispiele in erster Linie die Augite, wie Enstatit $Mg_2[Si_2O_6]$. Hier sei betont, daß an Stelle von Si auch Al treten kann (AlO_4); hierdurch ergibt sich aber jeweils eine negative Valenz mehr. Andererseits kann Al für Fe und Mg eintreten, also als Base. Dieses amphotere (beiderseitige) Auftreten von Al z. B. im Augit: (Ca, Na) (Mg, Fe, Al) $[(Si, Al)_2O_6]$.

5. **Bandsilikate** (Fig. 87b). Sie entstehen durch eine spiegelbildliche Vereinigung zweier Ketten. Bei unendlicher Erstreckung haben sie als Radikal $\infty\,[Si_4O_{11}]^{-6}$; dieses ist für alle Hornblenden kennzeichnend, z. B. für Tremolit $(OH, F)_2Ca_2Mg_5[(Si, Al)_4O_{11}]_2$.

Die Ketten- und Bandsilikate kann man auch als Fasersilikate[oder Inosilikate (gr. is, inós = Faser)] zusammenfassen.

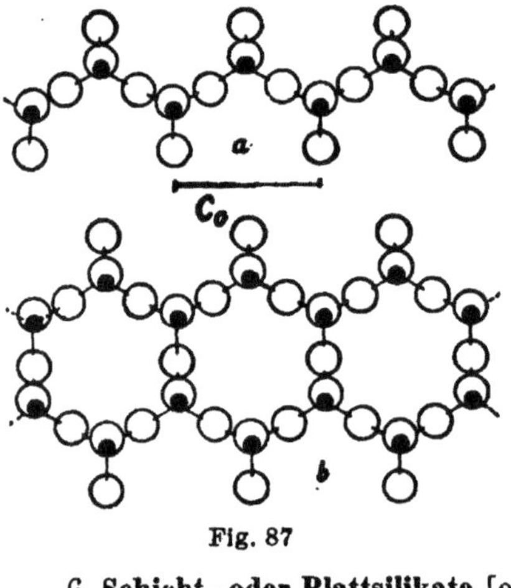

Fig. 87

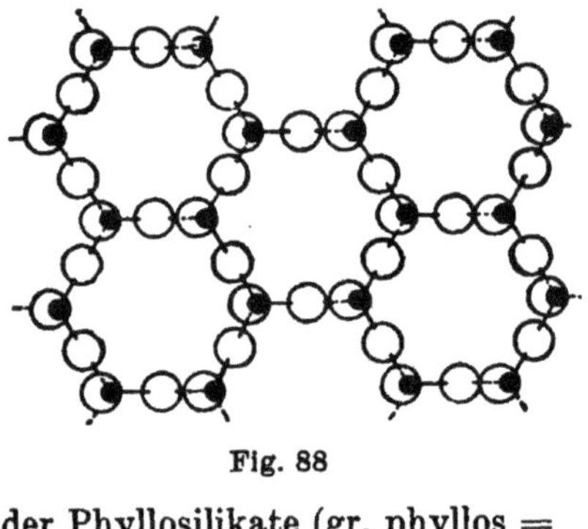

Fig. 88

6. **Schicht- oder Blattsilikate** [oder Phyllosilikate (gr. phyllos = Blatt)]. Diese entsprechen der Fig. 88, also zweidimensional aneinandergereihten Sechserringen in unendlichen Netzebenen: $\infty\,[Si_2O_5]^{-2}$; jedes SiO_4-Tetraeder hat mit den benachbarten

drei Sauerstoffatome gemeinsam. In den Netzebenen liegen nur Tetraederflächen (vgl. Fig. 111, S. 139), während in den Raum die Spitzen der Tetraeder mit den freien Valenzen ragen (Fig. 111). Die Verknüpfung dieser SiO_4-Tetraeder-Netze bzw. Schichten mit anderen schichtförmigen Bauelementen nach bestimmten Gesetzmäßigkeiten führt zu Mineralien mit pseudohexagonaler, tafeliger bis schuppiger Ausbildung und einer ausgezeichneten Spaltbarkeit nach den den Netzebenen (Schichten) entsprechenden Flächen (vgl. S. 139).

Das Schichtgitter ist äußerst häufig und wird in erster Linie bei glimmerartigen Mineralien (Glimmer, Chlorit, Talk, Kaolinit usw.) beobachtet; Talk $Mg_3(OH)_2[Si_4O_{10}]$.

7. **Gerüstsilikate** [oder Tektosilikate (gr. tektoneía = Fachwerk)]. Bei diesem Strukturtypus gehören alle Sauerstoffatome gleichzeitig zwei Tetraedern an; diese elektrostatische Absättigung kommt durch die Kennzeichnung $[SiO_2]^{\pm 0}$ zum Ausdruck.

Charakteristisch für diese Gitter (bei Quarz, Tridymit, Cristobalit) ist ein lockerer Bau, wobei die einzelnen Tetraeder sehr verschiedenartig angeordnet sein können (vgl. z. B. Fig. 89, Hochcristobalit). Von größter Bedeutung aber ist, daß Quarz und Feldspat (sowie die sog. Feldspatvertreter und Zeolithe) im gleichen Gitter wie Quarz kristallisieren, weil dargelegt werden kann, daß Quarz einem alkalifreien Feldspat entspricht. Diese zunächst eigenartig erscheinende Beziehung ergibt sich durch die schon erwähnte Vertretungsmöglichkeit von Si durch Al (vgl. S. 112). Für jedes Aluminiumatom, das in den Tetraederverband eintritt, muß ein einwertiges Kation (Na, K, Rb usw.) zusätzlich eingebaut werden, damit wieder vier Valenzen (wie bei Si) vorliegen; bei einem Einbau von Al_2 können dann zweiwertige positive Atome (Ca, Sr, Ba usw.) ausgleichen. So ergibt sich z. B. folgende Ableitung:

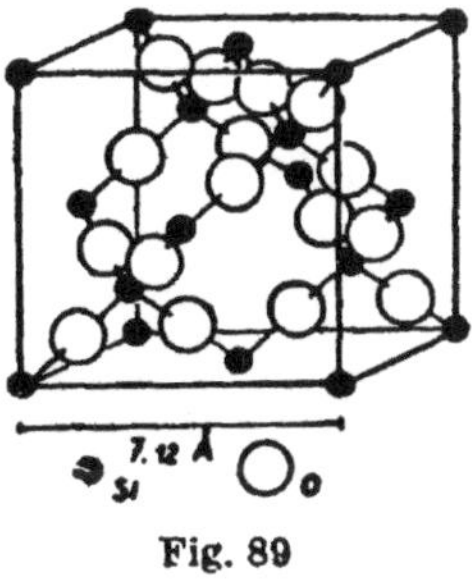

Fig. 89

Typus			Mineral
$[SiO_2]$			Quarz
$[Si_2O_4]$	mit Al	$Na[AlSiO_4]$	Nephelin
$[Si_3O_6]$	mit Al	$K[AlSi_2O_6]$	Leucit
$[Si_4O_8]$	mit Al	$K[AlSi_3O_8]$	Kalifeldspat (Orthoklas)
$[Si_4O_8]$	mit Al_2	$Ca[Al_2Si_2O_8]$	Kalkfeldspat (Anorthit)

Viele Silikate der Natur sind sehr wichtig, weil sie wesentliche Gemengteile verbreiteter Gesteine darstellen und daher am Aufbau der festen Erdkruste und der Ackerkrume erheblichen Anteil haben, andere, weil sie als Schmucksteine und Edelsteine, als feuerfeste Mineralien, als mineralische Rohstoffe für Keramik, Zement- und Glasindustrie usw. eine Verwendung finden; nur die wichtigsten können hier besprochen werden.

1. Inselsilikate

Silikate mit selbständigen, isolierten (SiO_4)-Gruppen (Inselgitter; vgl. S. 111), d. h. keines der das Si-Ion umgebenden Sauerstoffionen ist gleichzeitig benachbarten anderen $[SiO_4]^{-4}$-Tetraedern zugeordnet.

Phenakit, $Be_2[SiO_4]$, trigonal-rhomboedrisch (C_{3i}^2), ist in farblosen (auch gelblichen und blaßrötlichen), rhomboedrischen oder kurz-prismatischen Kristallen hydrothermal bis pneumatolytisch gebildet. Durchwachsungszwillinge nach $(10\bar{1}0)$ häufig. Phenakit (von griech. phénax = Betrüger, weil in Bruchstücken von Quarz kaum zu unterscheiden) wird in Rußland (von den uralischen Smaragdgruben an der Takowaja) und in Nordamerika (von Topaz Butte u. a. O.) seiner Härte (H. = 7½—8) und seines lebhaften Glanzes wegen als Edelstein geschliffen. D. = 3,0. Schöne Kristalle von der Spitzkopje in Südwestafrika, früher auch von Kragerö (Norwegen).

Olivin [als Edelstein Peridot (griech. peridóna = in Fülle geben; Bezug auf den Flächenreichtum), seltener Chrysolith (griech. chrysos = Gold, lithos = Stein)], $(Mg, Fe)_2[SiO_4]$,

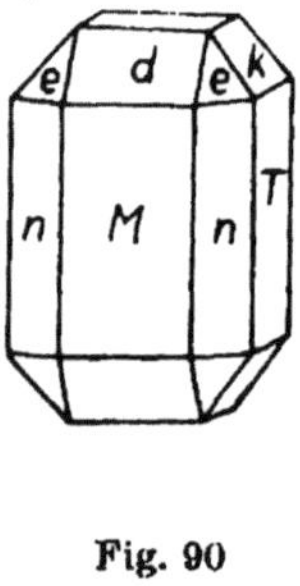

Fig. 90

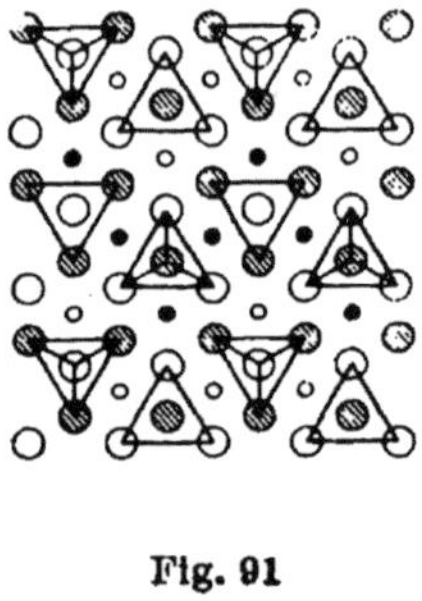

Fig. 91

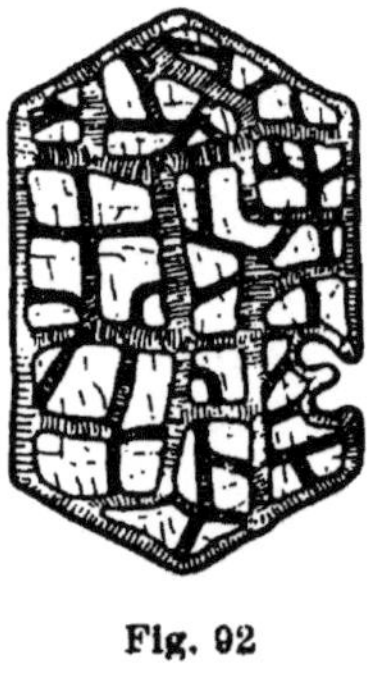

Fig. 92

ist eine isomorphe Mischung von Forsterit (nach J. R. Forster), $Mg_2[SiO_4]$, und Fayalit (nach dem Fundort Fayal, Azoren), $Fe_2[SiO_4]$, Findet sich in rhombisch-dipyramidalen, oft flächenreichen Kristallen, häufiger aber in unregelmäßigen Körnern. Nicht selten die Ausbildung der Fig. 90 (n = Vertikalprisma, M = Querfläche, T = Längsfläche, d = Querprisma, k = Längsprisma, e = Bipyramide und oben die Basis*). Raumgr. D_{2h}^{16}; die selbständigen $[SiO_4]^{-4}$-Tetraeder sind durch Mg- und Fe-Ionen (kleine Kreise und Scheibchen in Fig. 91, projiziert auf 010) so miteinander verbunden, daß diese oktaedrisch von je 6 O-Ionen der Tetraeder umgeben sind. Aus dem d-Abstand der Gitterebene (013) eines Pulverdiagramms läßt sich der Fayalit-Anteil bestimmen. Olivgrün (Name!), durchsichtig oder durchscheinend, glasglänzend, nach (010) ziemlich deutlich spaltbar. Bruch meist uneben. H. = 6½—7, D. = 3,2—4,2 (mit dem Fe-Gehalt zunehmend). Schmelzpunkt 1890°C (Mg_2SiO_4), 1205° C (Fe_2SiO_4). Nur eisenreiche Olivine (Hortonolithe, vgl. S. 15) v. d. L. schmelzbar. Von Salzsäure zersetzbar. Olivin verwittert meist zu Serpentin; die Serpentinisierung verursacht eine „Maschenstruktur" (Fig. 92). Große Pseudomorphosen von Serpentin nach Olivin z. B. bei Snarum in Norwegen.

Olivin ist wesentlicher und vielverbreiteter Gemengteil in vielen Gabbros, Diabasen, Melaphyren und Basalten; vorwiegend in kleinen Kristallen (z. B. Forstberg bei Mayen in der Eifel) oder Körnern im Gestein bzw. in vulkanischen Sanden (Mosenberg in der Eifel); manchmal auch magmatische Ausscheidung (Olivinbomben!) in Basalten (Dreiser Weiher bei Daun in der Eifel, Finkenberg im Siebengebirge, Hoher Hagen westl. von Göttingen, bei Kapfenstein/Steiermark usw.). Peridotite und Olivinfelse (Dunite) sind reich an

*) Nach der neuen Aufstellung von H. Strunz (1962): a-Achse = b-Achse, b-Achse = c-Achse und c-Achse = a-Achse.

Olivin und verknüpft mit Chromit sowie gediegen Platin (z. B. Ural, Bushveld in Transvaal usw.). In hydrothermalen Chrysotilasbestkluftfüllungen im Serpentin der Totenköpfe/ Stubachtal, Salzburg. Auch in Meteoriten und Schlacken. Der durchsichtige, klare Olivin (Peridot), als Edelstein sehr geschätzt, kommt hauptsächlich von der Insel Seberget (St. Johns) im Roten Meer. Der forsteritreiche Olivin mancher Dunite wird zur Herstellung von feuerfestem Material verwendet.

Willemit (nach König Wilhelm I. der Niederlande, 1772—1843), $Zn_2[SiO_4]$, trigonal-rhomboedrisch (C_{3i}^2). Kleine, meist prismatische Kriställchen, häufiger derb und in körnigen Aggregaten. Oft grünlichgelb. Fettglanz. H. = 5½, D. = 4,1. V. d. L. Zinkbeschlag, mit Salzsäure gelatinierend. Wichtig als Zinkerz metamorpher Bildung in Franklin und Sterling Hill, New Jersey. Manganhaltig rosa gefärbt und Troostit (nach Prof. G. Troost) genannt. Auch in der Oxidationszone von Zinkblende-Lagerstätten (z. B. Altenberg bei Aachen, Broken Hill in Nordrhodesien). Willemit ist u. a. in der Radioindustrie ein Detektormineral.

Andalusit-Topas-Staurolithgruppe

Al_2SiO_5 ist trimorph (als Andalusit, Disthen und Sillimanit). Chemische und strukturelle Beziehungen zu Topas und Staurolith.

Andalusit, $Al_2[O|SiO_4]$. Rhombisch-dipyramidal. D_{2h}^{12}. Bildet säulige Kristalle, häufig mit (110) · (001), die durchsichtig und grün oder rötlich bzw. undurchsichtig und grau oder gelb sind. Glasglänzend. H. = 7½, D. = 3,1—3,2. An der Oberfläche oft in hellen Glimmer umgewandelt. Charakteristisches metamorphes Mineral in Glimmerschiefern, Gneisen und im inneren Kontakthof von Graniten. Größte Andalusitlagerstätte in White Mountain (Kalif.) in Linsen in andalusithaltigen Quarziten. Andalusit aus Kontakthornfelsen von Darmstadt enthält als Viridin (lat. viridis = grün) mehrere Prozent Mn_2O_3 und Fe_2O_3. Der in Tonschiefer eingewachsene Andalusit hat oft kohlige Teilchen eingeschlossen, die in Querschnitten als schwarzes Kreuz hervortreten; er heißt dann Chiastolith (griech. der Buchstabe „χ" = chi, der Kreuzform hat, astos = Bürger, lithos = Stein) und wird als Amulett in manchen Ländern (Spanien, Frankreich) getragen. Andalusit findet sich auch auf Pegmatiten und Quarzgängen im Gneis [in Tirol, Andalusien (Name!) usw.]. Chiastolith z. B. bei Gefrees im Fichtelgebirge, in den französischen Pyrenäen und in der Bretagne u. a. O.

Durchsichtige und oft stark dichroitische (grün und rot) Andalusitkörner aus Brasilien werden als Schmuckstein benutzt. Gelegentlich ist Andalusit keramischer Rohstoff, doch wird er auch für die Aluminiumgewinnung abgebaut.

Cyanit (griech. kyanos = stahlblau), auch Disthen (griech. dis = zweifach, sthenos = Härte), $Al_2[O \mid SiO_4]$, findet sich als metamorpher Gemengteil kristalliner Schiefer in einzelnen flachen Säulen und strahligen Aggregaten von blauer Farbe, z. B. im Staurolith-Glimmerschiefer der Alpen (u. a. am Südhang des Pizzo Forno südlich vom Pizzo Campolungo, im Tessin, bei Pfitsch und am Greiner in Tirol). In cyanitführenden Pegmatiten wird er an mehreren Orten des präkambrischen Grundgebirges im Sudan, u. a. westl. Shereik, N-Provinz abgebaut. Cyanit ist triklin-pinakoidal (C_i^1) und besitzt große Härteunterschiede (in der c-Achsenrichtung 4—4½, quer dazu 6—7; vgl. Name!), D. = 3,6—3,7. Nach (100) vollkommen spaltbar, deutlich nach (010). (100) ist auch Translationsfläche mit der c-Achse als Gleitrichtung und daher oft gewellt. Vorkommen auch in Seifen. Disthenparamorphosen nach Andalusit (z. B. Saualpe-Koralpe). Mit Korund verwachsener Disthen (bei Assam in Indien) gibt wertvolles Rohmaterial für feuerfeste Steine. Als Rohstoff der Hochleistungskeramik geschätzt.

Der faserig in kristallinen Schiefern, feinstengelig und stark glänzend (Glanzspat) als Einschluß niederrheinischer Basalte vorkommende

Sillimanit (nach Prof. B. Silliman) ist gleichfalls chemisch Al_2SiO_5 und wie Andalusit rhombisch-dipyramidal kristallisierend (D_{2h}^{16}); ein bemerkenswerter Unterschied gegenüber Andalusit besteht aber in der Struktur: die SiO_4-Gruppen bilden eine Kette in der Richtung der c-Achse, so daß ein den Pyroxenen ähnliches Kettengitter vorliegt (vgl. S. 112). H. = 6—7, D. = 3,2. In kristallinen Schiefern, in manchen Eklogiten (z. B. Saualpe/Kärnten); auch in Pegmatiten und Quarzgängen. Rohstoff für feueste Steine. Von Mogok in Birma kommt Sillimanit in Edelsteinqualität.

Topas (nach der Insel Topazos im Roten Meer?), $Al_2[F_2 \mid SiO_4]$, kristallisiert rhombisch-dipyramidal (D_{2h}^{16}) und oft flächenreich (über 140 Formen bekannt!); die fast stets aufgewachsenen und darum meist nur an einem Ende ausgebildeten Kristalle sind häufig begrenzt von den Prismen (110) und (210), deren Flächen gestreift sind (Fig. 93), dann von Dipyramiden wie (111) und (112), der Basis (001) sowie Längsprismen, unter andern (021). Eine einfache Kombination ist in Fig. 94 abgebildet; sie entspricht zwei Vertikalprismen mit einer Dipyramide. Auch in größeren feldspatähnlichen Stücken. Farblos, hell- und dunkelgelb, grünlich oder bläulich; glasglänzend, durchsichtig oder durchscheinend. Spaltbar nach der Basis. H. = 8, D. = 3,5—3,6. V. d. L. unschmelzbar. Durch Erhitzung geht Topas in Sillimanit über.

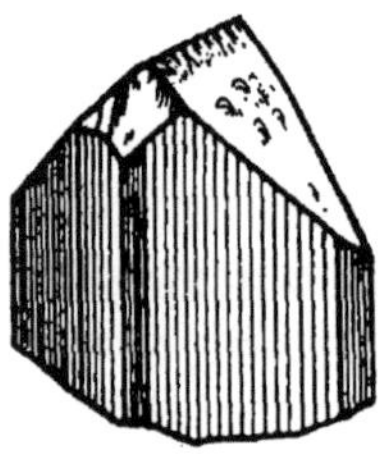

Fig. 93

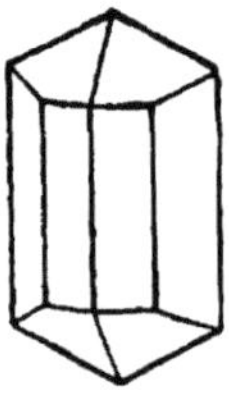

Fig. 94

Topas ist ein typisches pneumatolytisches Mineral, vor allem in Pegmatiten der Zinnerzparagenese; sekundär auf Gold- und Edelsteinseifen. Bemerkenswerte pegmatitische Fundorte sind, z. T. waren: Schneckenstein in Sachsen (hellweingelb), Untersulzbach/Hohe Tauern (farblos), Gonçalo (Guarda)/Portugal, Brasilien (dunkelweingelb, farblos, blaugrün), Spitzkopje in Südwestafrika (schöne Kristalle!), im Wolhynien-Gebiet (rauchige Kristalle bis 12×12 cm im Querschnitt), seinerzeit bei Mursinka im Ural (meist bläulich) u. a. O. Die durchsichtigen Topase sind geschätzte Edelsteine; die wichtigsten Vorkommen liegen in Brasilien (im Nordosten von Minas Geraes); indes sind leider viele Steine, die im Handel Topas heißen, nur Quarz (nämlich Citrin, gebrannter Amethyst usw.). Am geringeren spezifischen Gewicht von 2,65 kann man sie leicht vom echten Topas, dem Edeltopas, unterscheiden.

Staurolith (griech. stauros = Kreuz, lithos = Stein), $2Al_2SiO_5 \cdot Fe(OH_2)$. Flächenarme, aber meist gut idiomorphe kurzprismatische Kristalle rhombisch-dipyramidaler Symmetrie, eingewachsen oder ausgewittert lose. Häufig kreuzförmige Durchkreuzungszwillinge nach (032) (fast rechtwinkelig; Fig. 95) oder nach (232) (fast unter 60°). D_{2h}^{17}; gegenüber dem Disthengitter abwechselnd zwischengelagerte $Fe(OH)_2$-Schichten. Oft gesetzmäßig mit Disthen verwachsen. Spaltbarkeit deutlich nach (010). H. = 7—7½, D. = 3,7—3,8. Glasglanz. Typisches metamorphes Mineral kristalliner Schiefer zusammen mit Disthen oder Granat. Fundorte sind z. B. Aschaffenburg in Bayern, Radegrund bei Graz und Dietenberg bei List, Steiermark, Monte Campione im Tessin, Sterzing in Tirol.

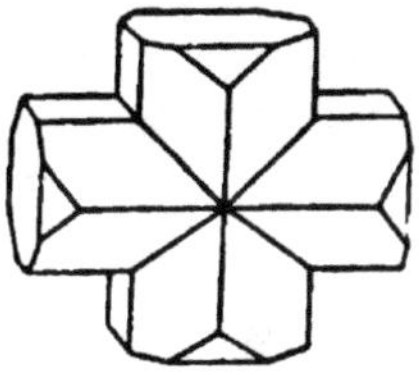

Fig. 95

Granatgruppe

Die Mineralien der Granatgruppe sind isomorphe Mischungen, die nach ihrer Zusammensetzung und Farbe verschieden, in ihrer Form aber gleich sind. Als allgemeine Formel hat $R_3''R_2'''[SiO_4]_3$ Geltung; R'' kann Ca, Mg, Fe, Mn, R''' Al, Fe, Cr sein. Alle Granate kristallisieren kubisch-hex'oktaedrisch, besonders als Rhombendodekaeder (Granatoeder) oder in Kombinationen von diesem mit Ikositetraeder (Fig. 96) und 48-Flächner (Fig. 97). Raumgruppe O_h^{10}; die SiO_4-Tetraeder werden durch R^{2+}- und R^{3+}-Ionen verbunden. Die Farbe ist meist rot in verschiedenen Farbtönen, aber auch weiß, grün und schwarz. Durchsichtig bis undurchsichtig, glasglänzend. H. = 7—8. Das spezifische Gewicht ist verschieden, aber immer über 3,4.

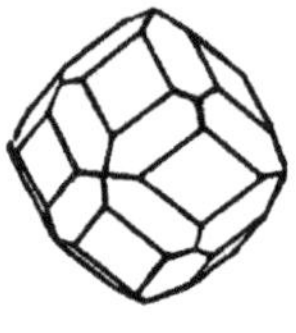

Fig. 96

Fig. 97

Die Granate (von lat. granum = Korn, granatus = gekörnt) sind typische metamorphe Mineralien und häufig gesteinsbildend; für einzelne Abarten sind Bildungsunterschiede beobachtbar. Durch Verwitterung von Granatglimmerschiefer gelegentlich residuale Anreicherungen von Granatkristallen (z. B. westl. Shereik, ndl. Khartum/Sudan im Abbau); häufig abgerollt auf Seifen und in Sanden. V. d. L. meist zu einem (oft magnetischen) Glase schmelzbar.

Granate werden als Schleifmaterial, zur Herstellung von Granatpapier oder Granatleinwand (zum Polieren harter Holzarten, Schleifen von Spiegelgläsern usw.) benutzt. Die durchsichtigen Granate finden als Edelstein Verwendung; die früher fast ausschließlich geschliffenen roten Granate hießen Karfunkelstein. Man unterscheidet die folgenden wichtigsten Arten:

Pyrop (griech. pyropós = von feurigem Aussehen), ein Magnesiatongranat, $Mg_3Al_2[SiO_4]_3$, blutrot, rundliche Körner, in Serpentin eingewachsen (Meronitz = Měrunice bei Bilin u. a. O.) oder lose gefunden (bei Třiblitz und Podseditz) und geschliffen (oft mugelig) in Böhmen (Böhmischer Granat). Ähnlich ist der in Kimberlit und den Diamantseifen Südafrikas vorkommende, fälschlich Kaprubin genannte Granat und der Faschoda-Granat von Lindi in Ostafrika und anderer Fundorte, wie Jakutien (Sibirien). D. = ~ 3,5.

Almandin (nach Alabanda in Kleinasien?), ein Eisentongranat, $Fe''_3Al_2[SiO_4]_3$, bläulichrot, eingewachsen (in oft beträchtlicher Größe) in Chlorit- und Glimmerschiefern, in

Amphiboliten sowie in Gneisen (z. B. im Riesengebirge, Erzgebirge, in den Alpen); in Diluvialgeschieben Norddeutschlands und in Seifen wie Ceylon, Brasilien. D = ~ 4,2.

Grossular (lat. grossularia = Stachelbeere), ein Kalktongranat, $Ca_3Al_2[SiO_4]_3$, ist Gemengteil der Kalksilikathornfelse (Auerbach an der Bergstraße, St. Andreasberg, Monzoni in Südtirol, Banat u. a. O.) und meist gelblichgrün; gelbrot ist der

Hessonit [griech. hesson = geringer (im Wert als andere Granate)] oder Kaneelstein (ein Fe-Kalktongranat), schön kristallisiert mit Diopsid in den Südalpen (Mussaalpe im Alatal in Piemont, Hohe Tauern), als Geschiebe in den Edelsteinseifen der Südprovinz Ceylons, auf Madagaskar usw.; für den Edelsteinhandel nur von geringer Bedeutung. D. ~ 3,5.

Demantoid (von Demant = Diamand), ein Glied der Andradite (nach dem Mineralogen J. B. d'Andrada), Kalkeisengranate, $Ca_3Fe'''_2[SiO_4]_3$, smaragdgrün bis gelblichgrün, wird als Schmuckstein geschliffen (auf Goldseifen von Nischne Tagilsk). D. ~ 3,7.

Spessartin (Mangantongranat), $Mn_3Al_2[SiO_4]_3$, gelb oder rotbraun, mit Fundorten Aschaffenburg im Spessart (Name!), Ilfeld usw., ist Gemengteil von Graniten, Porphyriten und Pegmatiten, aber auch metamorpher Bildung. D. = ~ 4,2.

Melanit (griech. melas = schwarz), ein titanhaltiger Kalkeisengranat = Andradit, der sich in vulkanischen Gesteinen, z. B. am Perlenkopf in der Eifel, im Kaiserstuhl usw. findet, ist grauschwarz bis samtschwarz und wird gelegentlich zu Trauerschmuck verwendet. D. = 3,8—4,1.

Uwarowit (nach dem Grafen S. S. Uwarow, russ. Staatsmann u. Gelehrter), ein Chromgranat, $Ca_3Cr_2[SiO_4]_3$; dunkelsmaragdgrün und glasglänzend, wird auf Klüften von Chromeisenstein, in chromitführenden Serpentinen (vor allem

Sissersk im Ural, spärlich Jordansmühl in Schlesien usw.) beobachtet. Sehr schöne Kristalle von Outokumpo (Finnland) und auf anatolischen Chromitlagerstätten. D. = 3,4. Selten als Edelstein verwendet. Kristalle meist zu klein.

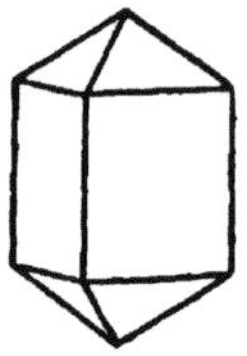

Fig. 98

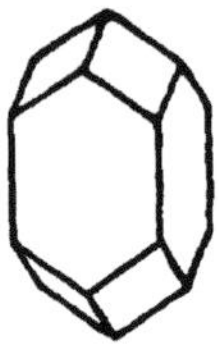

Fig. 99

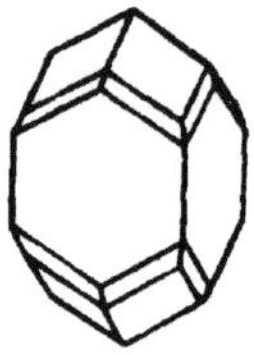

Fig. 100

Zirkon, $ZrSiO_4$, ditetragonal-dipyramidale Kristalle (D_{4h}^{19}), begrenzt von Prisma und Bipyramiden gleicher (Fig. 98) und verschiedener (Fig. 99) Stellung, dazu öfters eine achtseitige Doppelpyramide (Fig. 100). Gewöhnlich braun und braunrot, seltener gelb, grau, grün und farblos. Durchsichtig bis undurchsichtig, diamantglänzend. Hart (H. = 7½); D. = 4,7; sie fällt aber mit dem Grad der Isotropisierung — Zirkon ist thoriumhaltig und damit radioaktiv — bis 4,0. Immer Hafniumdioxyd (HfO_2)-haltig, im Alvit (nach dem Vorkommen Alve, Arendal) von Kragerö (Norwegen) bis 16%. Auch die optischen Eigenschaften des isotropisierten (metamikten) Zirkons (vgl. Tab. I) sind sehr variierend.

Zirkon ist Gemengteil magmatischer Gesteine; größere Kristalle in pegmatitischen Nephelinsyeniten (Zirkonsyeniten) z. B. Südnorwegens, im Ural usw.; dann in Basalten (Niedermendig, Siebengebirge), Sanidinit-Auswürflingen des Laacher Sees; aufgewachsen auf Klüften des Chloritschiefers von Pfitsch. In Zirkonseifen und -sanden (Mongka in Hinterindien, Ceylon und Tasmanien). Der durchsichtige, gelbrote (hyazinthrote) Zirkon heißt Hyazinth und ist, wie alle durchsichtigen Zirkone, ein geschätzter, durch lebhaftes

Feuer ausgezeichneter Edelstein; er läßt sich durch Erhitzen leicht entfärben, nimmt aber nach Radiumbestrahlung bald wieder seine ursprüngliche Farbe an. Brauner Zirkon von Mongka wird durch „Brennen“ farblos oder blau (Siamesischer Zirkon); letzterer ist durch seine intensiv blaue Farbe und hohe Lichtbrechung der wirkungsvollste blaue Edelstein. Die farblosen und farblos gebrannten Zirkone sind sehr diamantähnlich (fälschlicherweise „Maturadiamant“ bezeichnet).

Zirkon findet als Edelstein Verwendung, er dient zur Gewinnung von feuerfestem ZrO_2, zur Herstellung von Zirkonsulfat (für Gerberei und Färberei), von Ferrozirkon als Zusatz zum Quarzglas, für Zapfenlager usw. Zr-Metall als Moderator in der Uranbatterie. Der radioaktive Zerfall im Zirkon, der — wie bei Glimmer — resistent gegenüber sekundären Veränderungen ist — wird zur Altersbestimmung genutzt.

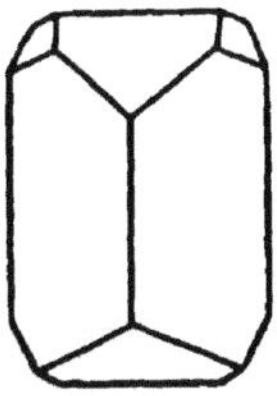

Fig. 101

Fig. 102

Titanit (Sphen, griech. sphen = Keil), $CaTi[O \mid SiO_4]$, monoklin-prismatisch (C_{2h}^6); flache, spitzwinkelige (briefkuvertförmige) einfache Kristalle (Fig. 101 und 102) und Zwillinge, die gelb, braun oder grün gefärbt sind. Die Kristalle haben lebhaften Glasglanz und sind in allen Graden durchsichtig. H. = 5—5½, D. = 3,4—3,6. Gemengteil vieler Eruptivgesteine (im Syenit von Plauen), meist in der Briefkuvertform; Übergemengteil in Apliten (Kragerö, Norwegen), dann Gemengteil gewisser kristalliner Schiefer, vieler Laacher See-Sanidinite und metamorpher Kalke. Aufgewachsene Kristalle in den Alpen (keilförmig: Sphen) mit Bergkristall, Epidot, Adular und Chlorit auf Klüften. Mit dem Apatiterz von Yukspor in Kola ein ziemlich reines Titanitgestein auftretend, das als Titanerz abgebaut wurde.

Uransilikate

Coffinit (nach R. C. Coffin), $U[SiO_4]$ bzw. $U[(Si, H_4)O_4]$. Tetragonal; grobkristallin bis dicht, meist isotropisiert. Schwarz. H. = 5—6, D. reinster Proben 5,1. Hauptkomponente der Uranlagerstätten des Colorado-Plateau-Typus; in hydrothermalen Gängen neben Uranpecherz (z. B. Wölsendorf, Schmiedeberg, Hüttenberg).

Uranophan (Uranotil), $Ca(H_3O)_2[UO_2 \mid SiO_4]_2 \cdot 3H_2O$; monoklin ($C_2^2$); honig- bis zitronengelbe feinste Nädelchen (oft filzartig) im Stinkflußspat von Wölsendorf (Bayern); mm-lange Büscheln auf der Uranlagerstätte Menzenschwand (Baden). Meist Neubildung aus Pechblende. H. = 2—3, D. = 3,8—3,95.

Sklodowskit (nach Mme Curie, geb. Sklodowska), $Mg[UO_2 \mid Si_3 OH]_2 \cdot 5H_2O$, rhombisch (?); kleine fahlzitronengelbe Prismen. Shinkolobwe, Katanga, Kongo-Rep. H. = 3, D. = 3,5.

Kasolit (nach Kasolo, Katanga), $Pb[UO_2 \mid SiO_4] \cdot H_2O$, monoklin ($C_{2h}^5$), braungelb mit lebhaftem Harzglanz, selten in Wölsendorf (Bayern), sehr reichlich in Shinkolobwe, Katanga. H. = 4. D. = 6,5.

2. Gruppensilikate

Silikate mit endlichen Gruppen von SiO_4-Tetraedern (Gruppenstruktur, vgl. S. 111).

Melilith (gr. méli = Honig, lithos = Stein), ein häufiger, in steter Vergesellschaftung mit Perowskit beobachteter Gemengteil sehr basischer und kalziumreicher Ergußgesteine (z. B. Melilithbasalte), entspricht einem Mischungsglied zwischen dem Al-freien Endglied Åkermanit (nach dem Metallurgen R. Åkerman) — $Ca_2MgSi_2O_7$ — nur aus Schlakken bekannt — und dem Mg-freien Gehlenit (nach dem Chemiker Gehlen) Ca_2AlSiO_7. Kontaktmineral in Kalken,

z. B. Monzoni im Fassatal. Kristalle tetragonal-skalenoedrisch (D_{2d}^3); meist dicktafelig, kurzsäulig. Farblos, häufiger gefärbt (gelb bis braun). Glasglanz. H. = 5—5½, D. = 2,9—3,0. V. d. L. leicht schmelzbar und von Säuren unter Gelatinieren zerstört.

Kieselzinkerz [Hemimorphit (griech. hemi = halb, morphe = Gestalt), Kieselgalmei], $Zn_4[(OH)_2 | Si_2O_7] \cdot H_2O$, kristallisiert rhombisch-pyramidal in kleinen farblosen, glasglänzenden, hemimorphen Kristallen (C_{2v}^{20}), wie z. B. Fig. 103 (Vertikalprisma mit großer Längsfläche und oben zwei zweiflächige Querprismen, ein zweiflächiges Längsprisma und Basis, unten eine Pyramide). Ergänzungszwillinge nach der Basis. Meist derb in faserigen und dichten Aggregaten mit nierenförmiger Oberfläche und dann trüb, weiß, gelb, grau. Nach (110) vollkommen spaltbar. H. = 5, D. = 3,3—3,5. Findet sich als metasomatisches Mineral bei Aachen, in Kärnten (Bleiberg-Kreuth), Raibl u. a. O. Bildet mit dem häufigeren Zinkspat das als Galmei bezeichnete Erz; wird auf Zink verhüttet.

Fig. 103

Epidot-Zoisitgruppe

Kalktonerdesilikate der allgemeinen Formel $(OH)Ca_2Al_3Si_3O_{12}$. Das reine Tonerdesilikat. Zoisit entsprechend. ist rhombisch; wenn eine wesentliche Vertretung von Ll durch Fe erfolgt, monoklin, wie Epidot und Orthit. Kristalle oft nach der b-Achse gestreckt.

Epidot (gr. epidosis = Zugabe), auch Pistacit (nach der pistaziengrünen Farbe), $Ca_2(Al, Fe)_3[OH | (SiO_4)_3]$, monoklinprimatisch ($C_{2h}^2$). Hauptzone nach der b-Achse meist flächenreich (Fig. 104 und gerieft, auch stengelige Gebilde in Bündeln und Büscheln. Zwillinge nach (100) häufig. Dunkelgelbgrün (pistaziengrün), glasglänzend, durchsichtig oder durchscheinend. H. = 6—7, D. = 3,3—3,5. Charakteristisches Kontakt- und metamorphes Mineral (stellenweise ausgesprochene Epidotfelse oder Epidotschiefer bildend); weitverbreitet als thermales Zersetzungsprodukt auf den alpinen Zerrklüften (Zillertal), dann in Südnorwegen, Slatoust im Ural usw. Die schönsten Kristalle von der Knappenwand im Untersulzbachtal (im Pinzgau). Auch in Sanden.

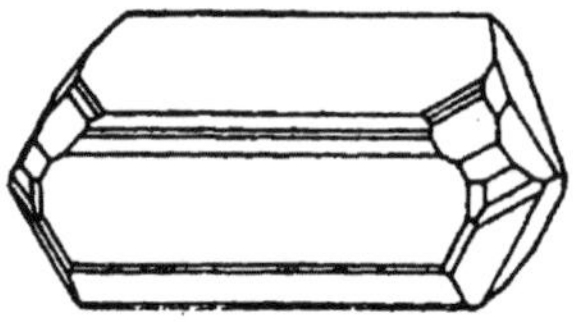

Fig. 104

Auf Manganerzlagerstätten (Piemont, Bretagne u. a.) kommt ein Manganepidot (Piemontit), kirschrot oder dunkelbraunrot mit rotem Strich, vor. In der Boraxperle Mn-Reaktion.

Die selteneren, eisenarmen Mischungsglieder des Epidots heißen Klinozoisit (griech. klino = ich neige, und Zoisit, s. S. 126).

Orthit (gr. orthós = gerade, wegen der geradlinigen Form), auch Cer-Epidot, $(Ca, Ce, La, Na)_2$ $(Al, Fe, Mg, Mn)_3$-$[OH \mid (SiO_4)_3]$, epidotähnlich; das häufigste Mineral mit einem Gehalt an seltenen Erden. Meist eingesprengte rundliche Körner. Pechschwarz. Radioaktiv. H. = 5½, D. = 3 bis 4,2 (im isotropisierten Zustand bis 2,50). Akzessorischer Gemengteil von Gneisen, saurer Tiefengesteine (in Granitgängen bei Weinheim, im Syenit von Plauen) und von Pegmatiten (Schreiberhau, Arendal, Ytterby usw.); auch in Laacher See-Auswürflingen.

Rohstoff für Cer, das u. a. zu Stählen, Gasglühlichtstrümpfen, Blauglas und Fluoreszenzgläsern benutzt wird (vgl. Monazitsande S. 107).

Zoisit (nach Baron von Zois), $Ca_2Al_3[OH \mid (SiO_4)_3]$ ist rhombisch-dipyramidal (D_{2h}^{16}). Ein metamorphes Mineral; findet sich in kristallinen Schiefern (wie Amphiboliten,

Eklogiten) sowie in kontaktmetamorphen Kalksilikatgesteinen; seltener auf bestimmten Eisen- und Kupfererzlagerstätten; in einem in Eklogit aufsetzenden Pegmatitgang auf der Saualpe in Kärnten. Gewöhnlich in breitstengeligen, quer gestreiften Stücken, spätig und stengelig. H. = 6, D. = 3,23—3,38. Meist trüb und undurchsichtig bei aschgrauer Farbe; rosenroter Zoisit (z. B. Traversella) wird als Thulit (nach der Insel Thule) bezeichnet. Fundorte u. a. Gefrees im Fichtelgebirge, Koralpe in Steiermark, Sterzing in Tirol, Zermatt in Wallis usw.

Lievrit (nach C. H. Lelièvre), auch Ilvait (lat. Ilva für Elba), $CaFe''_2Fe'''[OH \mid (SiO_4)_2]$, rhombisch-dipyramidal (D_{2h}^{16}), ist ein Kontaktmineral und Produkt der Kontaktpneumatolyse, schwarz, undurchsichtig, glasglänzend (frisch). H. = 5½—6, D. = 4,1. Schöne Kristalle an Kalksteinkontakten auf Elba und von Seriphos in Griechenland, pseudomorphosierte von Tiefengrün an der Saale. Auch in Kupferberg (Schlesien), Herbornseelbach (Nassau) usw.

Vesuvian [Idokras (griech. eidos = Gestalt, krasis = Mischung)], $Ca_{10}Al_4(Mg, Fe)_2[(OH)_4 \mid (SiO_4)_5 \mid (Si_2O_7)_2]$, bildet ausgezeichnete ditetragonal-dipyramidale Kristalle, dick- und kurzsäulig, meist parallel der Prismenzone gestreift. Häufige Kombination Fig. 105: Prisma und Dipyramide erster Stellung mit Prisma zweiter Stellung und kleiner Basis; oft sehr flächenreich. Auch derb und körnig (sog. Kolophonit von Arendal). D_{4h}^4. Braun und grün, durchsichtig oder durchscheinend, glasglänzend. H. = 6½, D. = 3,27—3,45. Vorwiegend an Kalksteine gebundenes kontaktmetamorphes und metasomatisches Mineral; schöne Kristalle kommen vom Vesuv (Name!), von Monzoni bei Predazzo, Auerbach an der Bergstraße, aus dem Banat (Ciclova = Cziklowa, Dognecen = Dognaczka) usw. Auf Klüften der kristallinen Schiefer in den Alpen, in Skandinavien und im Ural.

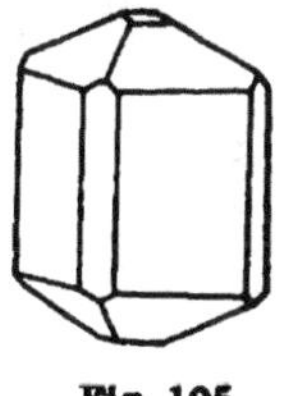

Fig. 105

Prehnit (nach dem hol. Oberst Prehn), $Ca_2Al_2[(OH)_2 | Si_3O_{10}]$, rhombisch-pyramidal ($C_{2v}^4$). Kristalle tafelig nach der Basis, auch prismatisch nach (110); oft gekrümmt und zu fächer- oder kugelförmigen Aggregaten vereinigt. Glasglänzend, gelbgrün, durchscheinend. H. = 6—6½, D. = 2,8—3,0. Im Aussehen und Vorkommen wie Zeolithe (S. 161). Hydrothermal bis hydrisch in Blasenräumen und Klüften basischer Eruptivgesteine (z. B. im Melaphyr bei Oberstein) und kristalliner Schiefer (z. B. bei Tschaslau = Čáslav in Böhmen im Amphibolit); gesteinsbildend in Diabasen (von Nassau, in der „Rauschermühle" unweit Kaiserslautern), im Trapp (New Jersey). Mit Zeolithen und ged. Kupfer am Oberen See.

3. Ringsilikate (Cyclosilikate)

Silikate, bei welchen die SiO_4-Tetraeder zu Dreierringen $[Si_3O_9]^{-6}$ oder zu Sechserringen $[Si_6O_{18}]^{-12}$ verknüpft sind (vgl. S. 111.

Benitoit, $BaTi[Si_3O_9]$, hexagonal (ditrigonal-dipyramidal; D_{3h}^2; einziger bekannter Vertreter dieser Klasse!). In dipyramidalen Kristallen von blauer Farbe, eingewachsen im Natrolith vom Mt. Diablo im San Benito (Name!) County, Kalifornien. Geschätzter Edelstein. H. = 6½, D. = 3,65.

Axinit (griech. axine = Axt), $Ca_2(Fe, Mg, Mn)Al_2BH [SiO_4]_4$, triklin-pinakoidal ($C_i^1$), scharfkantige, keilförmige Kristalle, braun, durchsichtig, glasglänzend. In dickeren Platten ein deutlicher Pleochroismus. H. = 6½—7, D. = 3,3. V. d. L. leicht zu dunkelgrüner Perle schmelzbar. Pneumatolytisches Kontaktmineral, selten auf Erzgängen (z. B. auf Bleierzgängen von Petsamo); in kontaktmetasomatischen Magnetitvorkommen (Schwarzenberg in Sachsen). Hydrothermal auf Klüften kristalliner Schiefer (z. B. Scopi, Schweiz), in Drusen (Striegau in Schlesien, Baveno in Italien), auf Gangtrümmern im Diabas (Harz).

Turmalin (von singhales. Turamali), ein sehr wechselnd zusammengesetztes, borhaltiges Tonerdesilikat der allgemeinen Formel XY_9 (OH, $F)_4[B_3Si_6O_{27}]$; die Gruppe XY hat 25 Wertigkeiten. X = Na oder Ca'', Y = Al, Mg, Fe'', Fe''', Ti''', Cr''' usw. Dadurch verschiedene Abarten, wie Alkali-, Tonerde-, Magnesia-Tonerde-, Eisenturmalin usw. Turmalin kristallisiert ditrigonal-pyramidal, also hemimorph (C_{3v}^5). Der in Fig. 106 abgebildete Kristall ist begrenzt von einem drei- und einem sechsseitigen Prisma, oben und unten von je zwei Rhomboedern, die aber am oberen Ende steiler sind als am unteren. Gedrungen bis nadelig und gestreift nach der Vertikalachse. Auch derb sowie in radialstrahligen Aggregaten (Turmalinsonnen) und lose in Sanden. Durchsichtig bis undurchsichtig, verschieden gefärbt, farblos (Achroit, griech. achroos = farblos), rot (Rubellit, lat. rubellus = rötlich), grün (Verdelith, ital. verde = grün, griech. lithos = Stein), blau (Indigolith), braun und schwarz (Schörl); Farbverteilung oft zonar angeordnet (roter Kern mit grüner Hülle) oder in der Längserstreckung verschieden; z. B. helle Kristalle mit dunklem Ende (Mohrenköpfe) oder andere, die an einem Ende rot, am anderen grün oder farblos sind. Die durchsichtigen Turmaline sind stark dichroitisch. Glasglanz. Durch Erhitzen oder Abkühlen werden die Turmaline stark polarelektrisch, was durch Bestäuben mit einem Gemisch von Schwefel- und Mennigepulver leicht nachweisbar ist (Pyroelektrizität). H. = 7, D. = 3,0—3,2. V. d. L. leicht bis schwer schmelzbar. Säuren greifen Turmalin erst nach dem Glühen an.

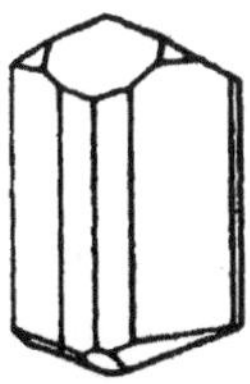

Fig. 106

Turmalin ist nach seiner kennzeichnenden pneumatolytischen Bildung ein ausgesprochenes Pegmatitmineral, doch auch in Graniten und als Kontaktmineral in deren

Nebengesteinen. Häufig auf Erzgängen, in Drusen, auf alpinen Zerrklüften und in Seifen. Viele und beachtenswerte Fundorte: im Granit des Brockens (Harz), von Eibenstock (Sachsen), auf Elba usw. Durchsichtige und schön gefärbte Turmaline sind Edelsteine; ihre mannigfaltige, bald zarte, bald satte Färbung zeichnet sie vor vielen anderen Schmucksteinen aus. Hauptlieferant ist Brasilien (Osten von Minas Geraes); auch die USA (u. a. San Diego, Californien) ist reich an Turmalinen, dann Madagaskar sowie Südwestafrika (Usakos, Karibib in SW-Afr.). Wichtige Fundorte auch im Ural. Intensiv gefärbte Turmaline kamen als Turmalinzangen (Polarisationsvorrichtungen) zur Verwendung.

Beryll (griech. beryllos), $Be_3Al_2Si_6O_{18}$. Die dihexagonal-dipyramidalen Kristalle, z. T. sehr groß, sind häufig begrenzt von Prisma, Dipyramiden erster und zweiter Stellung, dihexagonalen Dipyramiden und der Basis (vgl. Fig. 107). Auch stengelige Aggregate sowie abgerollt in Seifen. Gitter: D_{6h}^2; die Sechserringe liegen vertikal übereinander, so daß weite hohle Kanäle entstehen; Al und Be liegen zwischen den Ringen, wobei Al von je 6, Be von je 4 O-Atomen umgeben ist. Durchsichtig bis durchscheinend, mit Glasglanz. H. = 7½—8, D. = 2,63—2,80. Farblos, aber meist gefärbt. Nach der Farbe und Durchsichtigkeit werden unterschieden: Gemeiner Beryll, gelblichweiß bis grünlich, trübe bis durchscheinend, oft in großen Kristallen (meist nur Prisma und Basis); einzelne Riesenkristalle, z. B. von Keystone in Süddakota (bei 9 m Länge 61 t) und von Picui, Brasilien (200 t!); meist in pegmatitischen Gängen (z. B. Taus = Domažlice in Böhmen) eingewachsen in Quarz und Feldspat, seltener auf Klüften und Drusen (z. B. Schlaggenwald, Ehrenfriedersdorf, Cornwall usw.). Dient zur Gewinnung des

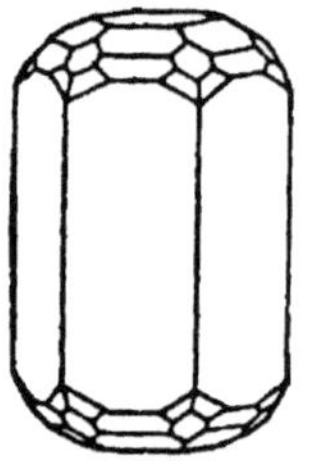

Fig. 107

Leichtmetalls Beryllium und des feuerfesten BeO. — Aquamarin, meergrün, blaugrün bis blau, gehört, wie die folgenden Abarten, zu „Edelberyll", d. h. er ist von Edelsteinqualität. Vorkommen auf Klüften und Drusen im Granit und in Pegmatiten sowie deren Seifen; wichtig die Fundorte in Brasilien (Minas Geraes); bei Marambaia wurde u. a. ein Stein von 48½ cm Länge und 41 cm Dicke mit 110½ kg gefunden. Bedeutung haben auch Madagaskar und SW-Afrika (Spitzkopje), während die Uralvorkommen zurücktreten. Rosaberyll findet sich z. B. in Drusenräumen des Granits von Elba, Pala in Kalifornien und Madagaskar. Smaragd (griech. smaragdos = grüner Edelstein), der geschätzteste unter den Edelberyllen, ist durch Chrom schön grasgrün, oft rissig; kommt besonders von Muzo und Chivor in Columbien, jetzt auch von Borur, etwa 150 km ndw. von Bogota; eingewachsen in Glimmerschiefer an der Takowaja im Ural, im Salzburgischen (Habachtal), in Sandawana (Süd-Rhodesien), bei Ajmer (Indien) usw. Die synthetische Darstellung von Smaragd ist 1935 der I.G.-Farbenindustrie (als Igmerald bezeichnet) gelungen; seit 1942 in einer für Schmuckzwecke brauchbaren Größe, Farbe und Klarheit vom Chemiker Chatham (San Franzisko) auf den Markt gebracht. Weniger wertvoll ist Goldberyll (gelb), z. B. von SW-Afrika (Spitzkopje), und der farblose Beryll. Manche Arten von gelblichgrünem Aquamarin erhalten durch Brennen die geschätztere blaue Farbe.

Cordierit (nach dem franz. Geologen P. L. Cordier), auch Dichroit (griech. di = doppelt, chroma = Farbe), $Mg_2Al_3[AlSi_5O_{18}]$, rhombisch-dipyramidal (D_{2h}^{20}), meist Körner im Gneis (Cordieritgneis von Bodenmais im Bayrischen Wald), in Granulit (Sachsen), in Granitpegmatiten (die tonerdereiche Gesteine durchsetzen) und unter anderm in Laacher See-Auswürflingen. Bläulich, glasglänzend, in dicken Stücken deutlich trichroitisch (blau, violett und gelb). H. = 7—7½, D. = 2,6. Fettiger Glasglanz. Klare Stücke aus Ceylon und Madagaskar (im Handel Luchssaphir oder Wassersaphir) werden als Edelstein verwertet.

Dioptas (griech. dia = durch, opsis = sehen), $Cu_6[Si_6O_{18}] \cdot 6H_2O$, trigonal-rhomboedrisch (C_{3i}^2). Smaragdgrüne, in Drusen aufgewachsene Kristalle in säuliger Ausbildung mit dem Rhomboeder dritter Stellung. Glasglanz. Nach dem Rhomboeder (10$\bar{1}$1) vollkommen spaltbar. Hydrothermal bis hydrisch im Hut von Kupfererzen. Prächtige Stufen im Dolomit von Guchab im Otavigebiet; von Katanga (Rep. Kongo). Schmuckstein, aber zu weich (H. = 5), D. = 3,3.

Chrysokoll (griech. chrysos = Gold, kolla = Leim), auch Kieselkupfer. $CuSiO_3 \cdot nH_2O$, kryptokristallin, gealtertes Gel, nierig, traubig, in Krusten, erdig. Grün oder blau, durchsichtig bis durchscheinend. In der Oxydationszone von Kupferlagerstätten (im Ural, in Chile usw.). Lokal ein Kupfererz (z. B. bei Clifton-Morenci in Arizona). Chrysokoll wird gelegentlich als Schmuckstein geschliffen.

4. Kettensilikate

Silikate mit (SiO_4)-Tetraedern in „unendlichen Ketten" (Kettengitter; vgl. S. 112). Kristalle durch eine Entwicklungsrichtung bevorzugt, also prismatisch bis nadelig.

Sillimanit, Al_2SiO_5 (vgl. S. 118).

Pyroxen- oder Augitgruppe

Zu dieser Gruppe gehören rhombische, monokline und trikline Mineralien, die chemisch meist einfachen Metasilikaten zweiwertiger Elemente entsprechen, und nach einem nahezu rechtwinkeligen Prisma (87°) spaltbar sind. Sie zählen zu den wichtigsten gesteinsbildenden Mineralien, vor allem magmatischer Gesteine, doch auch kristalliner Schiefer sowie bestimmter Kontaktzonen. Am wichtigsten sind die monoklinen Glieder, besonders der eigentliche Augit.

Augit (griech. auge = Glanz), $CaMgSi_2O_6$, mit Al und Fe^{+3}. Kristallisiert monoklin-prismatisch (C_{2h}^6). Gewöhnlich kurzsäulige Kristalle mit achtseitigem Umriß, begrenzt vom Prisma, der Längsfläche, Querfläche und einem Längsprisma oder einer Pyramide (111) (vgl. Fig. 108; der Kristall ist von rückwärts gezeichnet!). Zwillinge, nach der Querfläche verwachsen (Fig. 109), sind häufig, aber auch Durchkreuzungszwillinge nach (101). Spaltbarkeit nach dem Prisma (110) wechselnd deutlich. Durchscheinend, meist aber undurchsichtig. Dunkelgrün oder dunkelbraun, fast schwarz. H. = 6, D. = 3,3—3,5. Opt. Eig. in der Tab. I. V. d. L. zu schwarzem, oft magnetischem Glase schmelzbar.

Vorkommen der Pyroxene (griech. pyr = Feuer, xenos = fremd) in vielen jüngeren Ergußgesteinen, vor allem in Basalten, Melaphyren, Diabasen sowie in Pyroxeniten und Pyroxenfelsen. Ringsum ausgebildete Kristalle werden bisweilen von Vulkanen ausgeworfen und finden sich in vulkanischen Tuffen (Eifel, Laacher See, Rhön, Lukov = Lukau sowie Bořislav = Boreslav in Böhmen). — Fassait, grün, auf Klüften von Kontaktgesteinen, eingewachsen in körnigem Kalk [Fassatal (Name!), Somma u. a. O.].

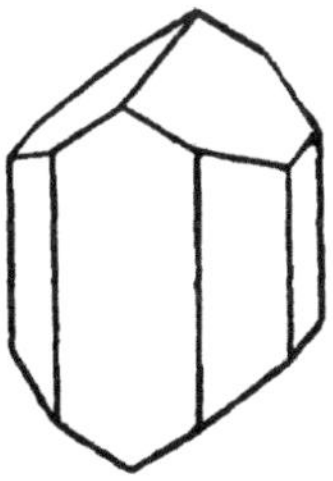

Fig. 108

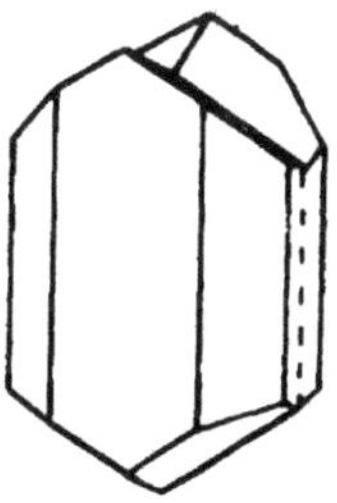

Fig. 109

Weitere monokline Glieder der Pyroxengruppe sind u. a.:

Diopsid (griech. dis = doppelt, opsis = Anblick), $CaMgSi_2O_6$, von Granat und Chlorit begleitet, u. a. auf alpinen

Klüften (z. B. Mussaalp im Alatal), häufig in kontaktmetasomatischen und metamorphen Karbonatgesteinen sowie in basischen Eruptivgesteinen (z. T. als Übergangsglied zum Augit). — Der smaragdgrüne Chromdiopsid tritt in Olivingesteinen und als Begleiter der südafrikanischen Diamanten auf. Von Edelsteinqualität ist der Chromdiopsid von Outokumpu, Finnland.

Ein Hochtemperaturpyroxen in Basalten ist der Pigeonit — nach dem Vork. von Pigeon Point, Minnesota — (gelegentlich fast nur $MgSiO_3$). Der durch seine Absonderung nach (100) gekennzeichnete, braune bis grünlichgraue, metallisch schimmernde

Diallag (griech. diallage = Unterschied) ist wesentlicher Gemengteil von Tiefengesteinen, wie Gabbros (Harzburg u. a.), Peridotiten und Pyroxeniten.

Unter den Alkalipyroxenen tritt der

Aegirin (nach dem nord. Meeresgott Aegir), auch Akmit (griech. akme = Spitze), $NaFeSi_2O_6$, als charakteristischer Gemengteil alkalischer Eruptivgesteine und ihrer Pegmatite auf. Vorwiegend langprismatisch oder linealförmig mit oft spitzen Begrenzungen (durch steile Pyramiden). Schwarz ins Grünliche oder Bräunliche. Undurchsichtig bis kantendurchscheinend. D. = 3,5. Als Aegirinaugit werden die isomorphen Mischungen zwischen Aegirin und Augit angesprochen. Als Edelstein geschätzt ist der

Spodumen (griech. spodóo = zu Asche brennen, particip. spodoymenos), $LiAlSi_2O_6$, der violett oder rosafarben Kunzit (nach Dr. G. F. Kunz), grün Hiddenit (nach W. E. Hidden) genannt wird; Vorkommen in pegmatitischer Bildung im Pala-Distrikt und San Diego County (USA), Antsirabé (Madagaskar), Varuträsk (Schweden) usw. Spodumene haben eine sehr vollkommene Spaltbarkeit nach dem Prisma. H. = 6½—7, D. = 3,1—3,2. V. d. L. leicht schmelzbar,

Flamme vorübergehend rotfärbend. Wichtiger Rohstoff zur Darstellung von Li-Salzen (Verwendung von Li siehe S. 106); schöngefärbte Spodumene gelten als Edelsteine.

Jadeit (span. piedra de ijada = hijada, Kolikstein), $NaAlSi_2O_6$, dem Nephrit ähnlich, ist ein derb bis dicht erscheinendes, mikrokristallin körniges bis faserig verfilztes Aggregat, ungewöhnlich zäh, weiß und grünlich, oft geadert. Wird besonders in Oberbirma gewonnen und vor allem in China zu kostbaren Ziergegenständen und kunstvollen Bildwerken verarbeitet. Jadeit ist, wie Nephrit, Material der Steinzeit. H. = 6½, D. = 3,2—3,3.

Rhombische Glieder der Pyroxengruppe sind:

Enstatit (griech. enstates = Gegner, Widersacher), $MgSiO_3$, mit 0—5% FeO, meist derb, grauweiß, grünlich, bräunlich. Gemengteil basischer Tiefengesteine; pegmatitisch in den Apatitgängen von Kragerö (bis ½ m lang); D_{2h}^{15}.

Bronzit, (Fe, Mg)SiO_3, mit 5—15% FeO, hat eine deutliche faserige Absonderung nach (100) und schillert oft bronzefarbig (Name!).

Hypersthen [griech. hyper = über, sthenos = Stärke], (Fe, Mg)SiO_3, mit 15, ausnahmsweise bis 46% FeO, meist derb, in Spaltstücken und körnig-blättrigen Aggregaten. Pechschwarz, braunschwarz, häufig metallischer Schiller auf (100).

Kennzeichnend für Hypersthen ist das Vorkommen der Paulinsel auf Labrador, für Bronzit z. B. Kraubath in Steiermark (Bronzitfels).

Ein *triklines* Glied der Augitreihe heißt

Rhodonit (griech. rhodon = Rose), $MnSiO_3$, triklinpinakoidal (C_i), meist derb, mit prismatischer Spaltbarkeit. Dunkelrosenrot bis bläulichrot. Undurchsichtig bis durchscheinend. H. = 5½—6½, D. = 3,5—3,7. Vorkommen metamorph in Schiefern (Wermland in Schweden), eingeschaltet zwischen Kieselschiefer bei Elbingerode und Lautental im Harz, kontaktmetasomatisch (Broken Hill in Neusüdwales); auch auf epithermalen Erzgängen (Kapnik u. a.).

Wird zu kunstgewerblichen Gegenständen, Ketten und Anhängern verschliffen.

Wollastonit (nach dem engl. Chemiker W. H. Wollaston), $CaSiO_3$. Ist erwähnenswert als typisches Kontaktmineral in kristallinen Kalksteinen (Auerbach an der Bergstraße, Cidova = Cziklowa im Banat usw.). Gelegentlich in kristallinen Schiefern (z. B. Gengenbach im Schwarzwald). In Eruptivgesteinen aus resorbiertem Kalkspat gebildet (Oberschaffhausen im Kaiserstuhl). Triklin (pseudomonoklin). Kristalle, meist eingewachsen, nach der b-Achse gestreckt. Oft nach (100) verzwillingt. Weiß, glasglänzend, in Aggregaten seidig. H. = 4½—5, D. = 2,8—2,9. V. d. L. schwer schmelzbar, von Säuren unter Gelatinieren zersetzt.

Ein zur Herstellung der weißen „Bergwolle", zu Schweißstäben, für Isolationszwecke, Keramik und Füllstoffe gesuchter Rohstoff.

5. Bandsilikate

Silikate mit (SiO_4)-Tetraedern in Doppelketten (Bandgitter; vgl. S. 112).

Amphibol- oder Hornblendegruppe

Mineralien dieser Gruppe enthalten dieselben chemischen Bestandteile wie die Augite, ohne jedoch der Metasilikatformel zu entsprechen. Als allgemeine Formel hat Geltung: $(OH, F)_2X_2Y_5Z_8O_{22}$ mit X = Ca, Na, K, aber auch Mn'', F'', Mg; Y = Mg, Fe'', Fe''', Al, Mn, Ti'''; Z = in erster Linie Si, Al. Für die meisten Zwecke entsprechen aber die Metasilikatformeln hinreichend genau der Zusammensetzung. Nach der Symmetrie werden monokline und rhombische Hornblenden unterschieden (trikline Glieder sind zweifelhaft).

Die Unterschiede zwischen Hornblende und Augit liegen in der Spaltbarkeit, die bei Hornblende vollkommener ist; der Winkel des Spaltungsprismas ist bei der Hornblende stumpf (124°), bei Augit fast ein rechter (87°); der Querschnitt durch Hornblenden ist sechsseitig, durch Augite achteckig. Bei Augitzwillingen treten an einem Ende scharf einspringende Winkel auf, bei Hornblendezwillingen fehlen diese.

Unter den monoklinen Hornblenden (C_{2h}^3) sind als Glieder der sog. Strahlsteingruppe von Bedeutung:

Tremolit (nach dem Val Tremola am St. Gotthard, wo er aber nicht vorkommt), auch Grammatit (griech. gramme = Linie), $Ca_2(Mg, Fe)_5[OH \mid Si_4O_{11}]_2$, im wesentlichen das reine Kalk-Magnesia-Silikat; weiß, grau, grünlich. Stengelig und strahlig eingewachsen in metamorphen Kalken (Campolungo im Tessin), weit verbreitet in kristallinen Schiefern, Talkschiefern usw. Als Asbest hat Tremolit eine praktische Bedeutung.

Aktinolith (griech. aktis, aktinos = Strahl), Strahlstein i. e. S., chemisch wie Tremolit, aber mit größeren Mengen von FeO; dunkelgrün, breitstengelig bis faserig eingewachsen in Talk- und Chloritschiefern (wie Zillertal) sowie in Aktinolithschiefern. Parallelfaserige Aggregate als Hornblendeasbest (Amiant, griech. amiantos = rein, ungefärbt) in der Technik verwendet und zu unverbrennbaren Geweben verarbeitet (Bergflachs), wenn auch der biegsamere und festere Serpentinasbest vorgezogen wird. Ein dichter, verworrenfaseriger und verfilzter Strahlstein von grüner Farbe ist der Nephrit (griech. nephros = Niere); er wurde in vorhistorischen Zeiten als Werkzeug und Waffe benutzt und findet sich besonders in der Kuen-Lun-Kette Chinas, dann auf Neuseeland (lagen- und nesterförmige Einlagerungen in Serpentin), aber auch knollen- und gangartig in Schlesien (nahe dem Zobten bei Jordansmühl), im Harz (Harzburg), in den Alpen, im ligurischen Apennin usw.

Unter den Al_2O_3- und Fe_2O_3-haltigen Amphibolen ist von besonderer Bedeutung die

Hornblende. Ein- und aufgewachsene Kristalle flächenarm; meist begrenzt vom Prisma, der Längsfläche, einer Pyramide und der Basis (Fig. 110). Zwillinge nach der Querfläche sehen wie hemimorphe Kristalle aus; sie haben an einem Ende vier, am anderen nur zwei Flächen. Die Spaltflächen, unter einem Winkel von 124° liegend, sind lebhaft glänzend. Grün- bis rabenschwarz. V. d. L. schmelzen die eisenreichen Abarten leicht zu einer magnetischen Perle. H. = 5—6, D. = 2,9—3,4. Die Hornblenden sind wesentliche und wichtige Gesteinsgemengteile. Die sogenannte gemeine Hornblende, reich an Eisen (wesentlich als FeO) und meist schwarz mit Stich ins Grünliche, ist vor allem körniger Bestandteil von sauren Tiefengesteinen und von kristallinen Schiefern; die basaltische Hornblende dagegen, reich an Fe_2O_3, tritt in jüngeren Ergußgesteinen, wie Basalten, Basalttuffen (Bořislav = Boreslaw in Böhmen), Andesiten (z. B. im Siebengebirge), Trachyten usw. auf, doch auch in Ganggesteinen und manchen Alkalitiefengesteinen.

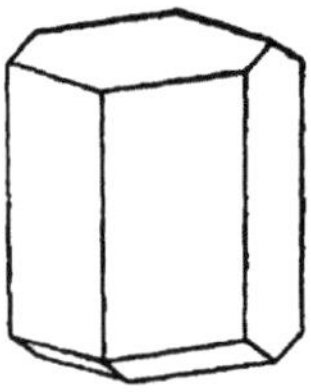

Fig. 110

Unter den zahlreichen Alkali-Hornblenden sind erwähnenswert: der blaugraue Glaukophan — (griech. glaukos = bläulich, phaino = ich scheine) — im wesentlichen $Na_2Mg_3Al_2(OH)_2Si_8O_{22}$, der tiefblauschwarze Arfvedsonit (nach dem Entdecker des Li, Prof. J. A. Arfvedson) vorwiegend $Na_3Fe''_4Al(OH)_2Si_8O_{22}$ und der turmalinähnliche Riebeckit — nach Dr. E. Riebeck — vor allem $Na_2Fe'''_4(OH)_2Si_8O_{22}$; der erstere in kristallinen Schiefern (u. a. Glaukophanschiefern), die letzteren in Alkali-Ergußsteinen, z. B. in Eläolithsyeniten, mit Ägirin im Granit von Jacobdeal (Rumänien). Krokydolith (griech. krokys, krokydos =

Wollflocke bzw. filzige Wolle, unter Bezugnahme auf die faserige Struktur) ist Riebeckitasbest und wird, oft weitgehend verkieselt, als Tigerauge (vgl. S. 63) für Schmuckzwecke geschliffen.

Eine rhombische Hornblende ist der Anthophyllit — vom lat. anthophyllum = Gewürznelke (ein Farbbezug!) — $(MgFe)_7(OH)_2Si_8O_{22}$, gebunden an kristalline Schiefer; nur derb in breitstengeligen, faserigen bis asbestartigen Aggregaten; nelkenbraun.

6. Schichtsilikate

Silikate mit (SiO_4)-Tetraedern in ebenen Netzen bzw. Schichten (Schicht- oder Blattsilikate; vgl. S. 112). Für diese ist kennzeichnend, daß in ihnen nur Tetraederflächen liegen, während in den

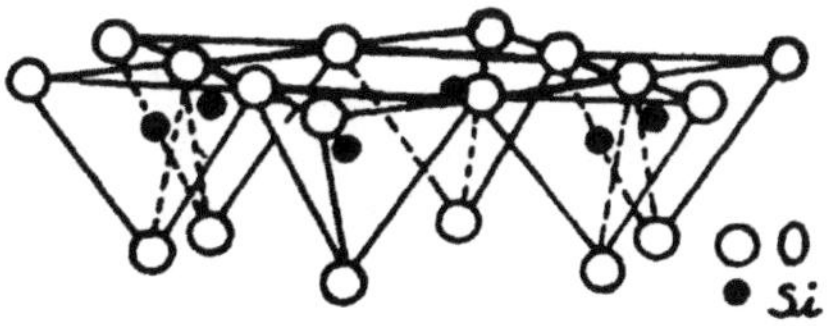

Fig. 111

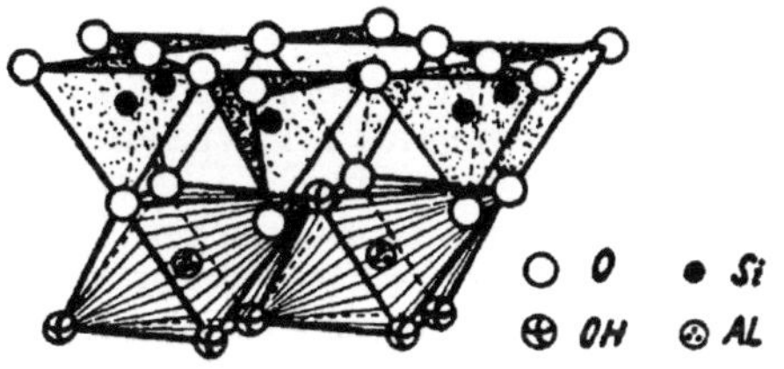

Fig. 112
(Nach Jasmund)

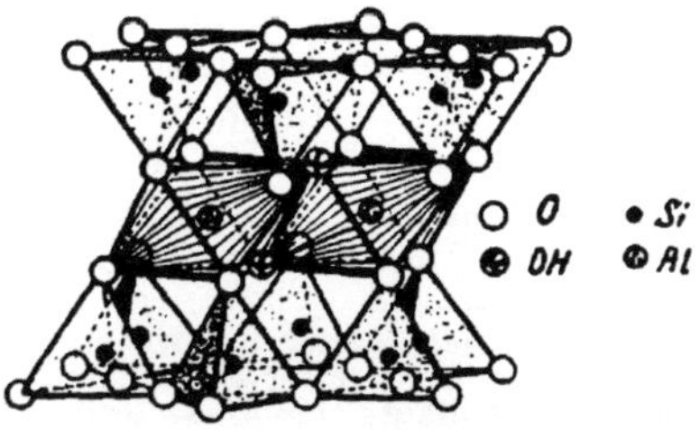

Fig. 113
(Nach Jasmund)

Raum die Spitzen der Tetraeder mit den freien Valenzen ragen (Fig. 111). Nachdem eine solche Strukturanordnung für sich nicht stabil ist, können die freien O-Ionen als Bindeglied zu anderen Schichten, etwa zu einer Oktaederschicht, auftreten; in einer solchen befindet sich z. B. Al jeweils in den Zentren von Oktaedern, deren sechs Ecken von O- bzw. OH-Ionen eingenommen werden. Durch gemeinsame O-Ionen sind also eine Tetraeder- und eine Oktaederschicht (Fig. 112) zur Struktur eines Zweischichtminerals (mit regelmäßiger Wechselfolge von Tetraeder- und Oktaederschichten im Verh. 1:1) verbunden, wie diese u. a. für Kaolinit, $Al_4(OH)_8[Si_4O_{10}]$ (vgl. Fig. 114), und die Mineralien der Kaolinitgruppe (S. 141) charakteristisch ist.

Ein anderer Typ von solchen „Schichtpaketen" entsteht z. B. dreischichtig, wenn — wie in der Fig. 113 — die Oktaederschicht zu ihren beiden Seiten mit Tetraederschichten verbunden ist; einem solchen Dreischichtmineral (mit regelmäßiger Wechselfolge von Tetraeder-, Oktaeder- und Tetraederschichten) entsprechen der Talk, $Mg_3(OH)_2[Si_4O_{10}]$ und Pyrophyllit, $Al_2(OH)_2[Si_4O_{10}]$.

Eine Schichtfolge wird jeweils als Elementarschicht bezeichnet*). Ein Kristallblättchen umschließt immer mehrere (10—20) Elementarschichten.

Bei den Schichtmineralien kann nun das Si in den Tetraederzentren (Tetraederlücken) durch Al ersetzt werden, während in die O taederzentren (Oktaederlücken) sowohl zweiwertige Ionen (Fe^{2+}, Mg u. a.) als auch dreiwertige Ionen (Fe^{3+}, Al u. a.) eintreten können. Werden alle Oktaederzentren (3/3) durch zweiwertige Ionen besetzt, so wird die Besetzung als trioktaedrisch bezeichnet; sie ist dioktaedrisch, wenn durch Überwiegen dreiwertiger Ionen nur 2/3 der möglichen oktaedrischen Plätze besetzt erscheinen. Vertreter beider Typen gibt es unter vielen Schichtsilikaten. So lassen sich von den dreischichtigen Mineralien Talk und Pyrophyllit chemisch und strukturell u. a. einzelne Glimmer (z. B. Muskovit, Phlogopit u. a.) ableiten; dabei wird etwa $^1/_4$ des Si^{4+} durch Al^{3+} ersetzt und das so entstandene Ladungsdefizit durch eine entsprechende Menge von K ausgeglichen, welches in die Lagen zwischen den Schichtpaketen eingeordnet wird (und diese elektrostatisch zusammenhält). So ist unter den Glimmern die Abart Muskovit (Fig. 114), $KAl_2(OH, F)_2$

*) Die Dicke dieser Elementarschicht ist für jeden Mineraltyp durch Art und Anzahl bestimmter Bauelemente gegeben. Sie spielt bei der Bestimmung der Schichtsilikate eine große Rolle.

$[AlSi_3O_{10}]$, dioktaedrisch, während Biotit — etwa $K(Mg, Fe'')_3 \cdot (OH)_2 \cdot [(Al, Fe''')Si_3O_{10}]$ — trioktaedrisch ist.

Von Talk und Pyrophyllit leiten sich weiter die di- und trioktaedrischen Glieder der Montmorin-Gruppe S. (145), ab und zwar durch teilweisen Ersatz bestimmter Ionen durch solche mit kleinerer Wertigkeit (z. B. Si^{4+} durch Al^{3+} bzw. Al^{3+} durch Mg^{2+}); der Ladungsausgleich erfolgt durch austauschbare Alkali- und Erdalkali-Ionen (vor allem durch Na und Ca), die zwischen die Schichtpakete eingelagert werden (vgl. Fig. 114); nachdem diese Ionen in verschiedener Weise hydratisiert sein können, so ergibt sich mit dem Eintritt des Wassers die Erscheinung der innerkristallinen Quellung. Dieses Wasser kann auch durch andere polare Flüssigkeiten (z. B. Alkohole) ersetzt werden. Der jeweilige Grad der Quellung ist mit röntgenographisch meßbaren Änderungen der Basisabstände verknüpft. Die Zahl, Ordnung und Art der regelmäßig (oder unregelmäßig) übereinanderliegenden Schichtpakete (sog. gemischte Blattstrukturen bildend), die Variation der die Schichten aufbauenden Elemente (in erster Linie Al, Fe, Mg), dann die zwischen den Schichtpaketen eingelagerten Substanzen und andere Faktoren verursachen die große Zahl der inzwischen bekannt gewordenen Tonmineralien.

Die Silikate mit Schichtstrukturen kristallisieren monoklin oder triklin (aber pseudohexagonal!) mit einer sehr vollkommenen Spaltbarkeit nach der Basis (der Ebene der pseudohexagonalen Schichten); sie sind oft blättrig bis schuppig, daher auch die Bezeichnung Phyllosilikate (phyllon = Blatt).

Kaolingruppe

Zweischichtmineralien (vgl. S. 140), unter denen von Bedeutung:

Kaolinit (vom chines. Kao-ling = Porzellanerde), $Al_4[(OH)_8 \mid Si_4O_{10}]$, triklin, ($C_i^1$), pseudohexagonal (wie Glimmer) mit typischem Schichtgitter (vgl. S. 112). Reiner Kaolinit bildet weiße, dünne sechsseitige Blättchen von geringer Größe, häufiger feinschuppige oder erdige Massen. Spaltbarkeit nach der Basis vollkommen. H. = 2—2½, D. = 2,6. Bildet sich vor allem aus Tonerdesilikaten (Feldspäten und Feldspatvertretern) durch Verwitterung (z. B. in der Umgebung von Karlovy Vary = Karlsbad in Böhmen) oder unter Einwirkung von Thermalwässern. Nicht selten pseudomorph nach verschiedenen tonerdereichen Silikaten. Bestandteil von Tonsedimenten. — Mit Wasser angerührt gibt Kaolinit eine plastische Masse, die beliebig geformt werden kann. Auf dieser Eigenschaft beruht die Anwendung des Kaolins zu Porzellan. Wasserverlust beim Glühen zwischen 390 bis 450° C. Vorwiegend aus Kaolinit bestehende **Gesteine** heißen **Kaolin** (oder **Porzellanerde**). **Kaolintone** sind durch verschiedene Beimengungen verunreinigte Kaoline; sie sind grau, gelb, rot, mit Wasser angerührt plastisch und stellen das Rohmaterial für Steingut, Pfeifen (Pfeifenton), irdene Gefäße (Töpferton), feuerfeste Steine usw. dar. Unentbehrlich für Bildhauer zur ersten Herstellung der Bildwerke. Als **Lehm** wird ein an Kalk, Sand, Eisenoxiden usw. verunreinigter Ton von meist gelber Farbe bezeichnet, der zu Ziegeln gebrannt werden kann.

Von gleicher chemischer Zusammensetzung wie Kaolinit sind **Nakrit** (franz. nacre = Perlmutter) und **Dickit** (nach A. B. Dick), jedoch hat letzterer zwei, Nakrit jeweils sechs Schichtpakete aus einer Tetraeder- und Oktaederschicht (vgl. S. 140) in bestimmter Anordnung übereinander.

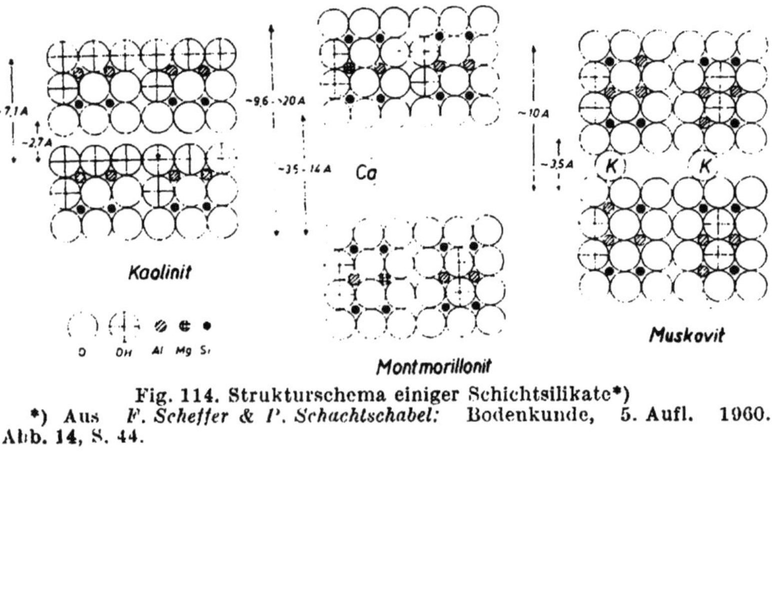

Fig. 114. Strukturschema einiger Schichtsilikate*)

*) Aus *F. Scheffer & P. Schachtschabel:* Bodenkunde, 5. Aufl. 1960. Abb. 14, S. 44.

Chamosit (gittermäßig zu Kaolinit gehörig). Schichtartig im Jura von Chamoson (Name!) im Kanton Wallis, bei Częstochowa und Łeczyca in Polen, untergeordnet in oolithischen Eisenerzen (z. B. in der Minette Lothringens).

Serpentinmineralien

haben chemisch und strukturell Beziehungen zu Hornblenden und Chloriten.

Serpentin, (lat. serpens = Schlange), $Mg_6[(OH)_8 \mid Si_4O_{10}]$, mit mehr oder weniger Eisenoxydul, bildet meist dichte Massen von grüner oder gelblicher Farbe, oft heller und dunkler gefleckt oder gebändert. Durchscheinend bis undurchsichtig. H. = 3—4, durch Verkieselung auch härter; D. = 2,5—2,6. V. d. L. sehr schwer in feinsten Splittern schmelzbar. Läßt sich polieren und auf der Drehbank verarbeiten. Serpentin ist gesteinsbildend (Serpentinit). Vorwiegend durch Hydratisierung von Olivin, Pyroxen, Hornblenden usw. (Serpentinisierung!) entstanden, auch hydrothermal.

Die dichte, dunkelfarbige Abart ist der gemeine Serpentin, oft in großen Massen aus Olivingesteinen hervorgegangen (z. B. Zöblitz in Sachsen, Epinal in Frankreich u. a. O.) und technisch genutzt. Hell gefärbte, grüne bis gelbe und durchscheinende Varietäten bezeichnet man als edlen Serpentin; meist in Marmoren. Seidenglänzende, feinfaserige Aggregate werden Faserserpentin oder Chrysotil (griech. chrysos = Gold, tilos = Faser) genannt, in parallelfaserigen Massen Chrysotilasbest (Serpentinasbest); die Asbestfasern stehen jeweils senkrecht zu den Klüften (Querfaserasbest) im gemeinen Serpentin (Faserlänge bis 10 cm); bauwürdige Lagerstätten vielerorts, in Deutschland nur Zöblitz/Sachsen. Längsfaserasbeste (z. B. Reichenstein in Schlesien, Taberg im Wermland u. a.) auf Rutsch- und Quetschflächen sind meist unbrauchbar. — Blättrig-schuppige Aggregate führen den Namen Antigorit oder Blätterserpentin [u. a. im Antigoriotal (Name!) in Piemont, Sprechenstein bei Sterzing]. Nach elektronenoptischen Beobachtungen und Strukturuntersuchungen sind die Chrysotilfasern Röhren, d. h. gewissermaßen „eingerollte" Blattstrukturen.

Serpentin wird zu mancherlei Gegenständen, wie Reibschalen, Wärmesteinen, Lampen, kleineren Skulpturen usw. verarbeitet. Hauptlieferant für Serpentinasbest ist Kanada; 95% „Asbest" ist Serpentinasbest, der Rest Hornblendeasbest (vgl. S. 137). Serpentinasbest wird zu feuerfesten Geweben, gepreßten Isolatoren, als Füllmasse für Gummisorten, mit Zement zu Dachziegeln und Baumaterial usw. verwendet.

Meerschaum (Sepiolith, griech. sepia = Tintenfisch, lithos = Stein), etwa $2MgO \cdot 3SiO_2 \cdot 2H_2O$, bildet weiße, feinerdige, milde, poröse Knollen und findet sich hauptsächlich in Kleinasien (Eskischehir). Wird zu Pfeifenköpfen und Zigarrenspitzen verarbeitet. Ein erwähnenswertes Verwitterungsprodukt ultrabasischer Gesteine ist noch der nickelhaltige

Garnierit (nach J. Garnier, Entdecker dieses Erzes), $(Ni, Mg)_6(OH)_8[Si_4O_{10}]$, der wegen seines Nickelgehaltes (bis fast 30%) ein wichtiges Nickelerz in Neukaledonien darstellt. Erdig. Smaragdgrün bis gelbgrün. H. = 2—4, D. = 2,2—2,7. Er geht aus nickelhaltigem Olivin über Serpentin hervor.

Halloysit, $Al_4[(OH)_8 | Si_4O_{10}] \cdot (H_2O)_4$. Zwischen den kaolinitähnlichen Schichtpaketen (vgl. S. 140) locker gebundenes Wasser. Texturell, wie das Elektronenmikroskop erschließt, wohlentwickelte Röllchen, die beim Übergang in Metahalloysit (mit gleicher Zusammensetzung wie Kaolinit und aus Halloysit durch H_2O-Abgabe entstanden) zersplittern. Neben- bis Hauptgemengteil (selten) von Kaolinlagerstätten, auch Knollen und lockere Massen sowie Umwandlungsprodukte tuffitischer Sedimente.

Montmorin-Gruppe

Dioktaedrisch. Von Bedeutung sind:

Montmorillonit
$(Al_{3,34} \cdot Mg_{0,66})(OH)_4Si_8O_{20}$

Nontronit
$Fe_4^{3+}(OH)_4(Si_{7,34} \cdot Al_{0,66}\ O_{20})$

Trioktaedrisch:

Saponit
$Mg_6(OH)_4(Si_{7,34} \cdot Al_{0,66}\ O_{20})$

mit jeweils 0,66 äquiv. austauschbaren Kationen + nH_2O

Montmorillonit (nach Montmorillon/Dep. Vienne), grauweißlich oder gelblich. Eigenschaften mit dem H_2O-Gehalt schwankend.

Hauptbestandteil der Bentonite (nach Benton in Wyoming, USA = tonige Verwitterungsprodukte mit Resten vulkanischen Materials) und ähnlicher Produkte (z. B. Walkererde); häufig in Sedimenten des Atlantischen Ozeans, gelegentlich in diluvialen Tonen; auch im Ackerboden und hydrothermal in Hohlräumen und Klüften. Durch Glyzerin Gitteraufweitung von c = 15,2 auf 17,7 Å.

Zum Entfärben und Reinigen von Erdöl verwendet, dann in der Textilindustrie (um Öle und Fette zu entfärben), Gummiindustrie usw.

Nontronit (nach Nontron in der Dordogne), gelb über gelbgrün zu bräunlichgrün. Verwitterungsprodukt eisenhaltiger Mineralien in ultrabasischen Gesteinen; auch auf Erzlagerstätten. Fundorte u. a. St. Andreasberg/Harz, Heppenheim, Tirschenreuth u. a.

Saponit (lat. sapo, saponis = Seife, daher auch Seifenstein), im trockenen Zustand seifenartig, im nassen plastisch wie Ton und durchscheinend. Verschiedenfarbig. Verwitterungsprodukt von Serpentin- und Amphibolgesteinen; in Hohlräumen faserig oder blätterförmig.

Vermiculit (Blähglimmer), nach vermis = Wurm (bläht sich beim Erhitzen stark auf und krümmt sich wurmförmig!). Etwa $Mg_{2,36}Fe^{3+}_{0,48}\ Al_{0,16}[(OH)_2 \mid Al_{1,28}Si_{2,72}O_{10}]_{0,64}Mg_{0,32}$ (H_2

$O)_4$. Vorwiegend trioktaedrisch. Talkartig, naß plastisch. Besitzt ein großes Basenaustauschvermögen. Endprodukt der Verwitterung von Biotit (auch von Hornblende) oder hydrothermal.

Vorkommen häufig in Kontaktzonen von sauren Intrusivkörpern mit basischen bis ultrabasischen Gesteinen. Bei Decazeville (Aveyron), Frankreich, im Kontakt von Serpentin mit Gneis. Im Erz- und Fichtelgebirge pseudomorph nach Biotit (Zöblitz) bzw. Verdrängungsprodukt von Serpentin (Böhringen/Sachsen). Einige 100 m mächtig ist die Lagerstätte von Libby, Montana. Technisch wichtig u. a. für Wärme- und Schallisolierung, Herstellung feuerfester Farben, als Füllmittel in der Gummiindustrie.

Ein Dreischichtmineral von glimmerähnlichem Charakter ist u. a.:

Talk (vom arab. talq und mittelalterl. talcus), $Mg_6(OH)_4[Si_8O_{20}]$. Monoklin, C_{2h}^6, stets schuppig, blättrig und manchmal mit hexagonalen Umrissen. Nach der Basis sehr vollkommen spaltbar, biegsam, fettig anzufühlen. H. = 1, D. = 2,7—2,8. Weiß oder hellgrün; perlmutterglänzend. Dünne Spaltblättchen sind durchsichtig. V. d. L. unschmelzbar, blättert sich auf, leuchtet stark und erlangt dabei die H. = 6. Talk findet sich in kristallinen Schiefern (Talk- bzw. Talkchloritschiefern), z. B. in den Alpen. Meist sekundär aus tonerdefreien Silikaten (wie Olivin, Enstatit u. a.), doch auch hydrothermal (z. B. Oberdorf a. d. Lamming und Rabenwald, Steiermark, mit hydrothermalem Spatmagnesit) sowie metasomatisch aus Dolomit, z. B. bei Göpfersgrün im Fichtelgebirge; andere erwähnenswerte Fundorte in Deutschland sind Schwarzenbach an der Saale und Erbendorf (Oberpfalz).

Weißer, dichter Talk heißt Speckstein; er wird durch Brennen hart und liefert das beste Material für Brenner der Azetylenlampen. Speckstein findet auch in der Elektroindustrie eine vielseitige Verwendung. Unreiner Talk heißt Topfstein, weil er sich zu Töpfen verarbeiten läßt, außerdem zum Bau von elektrischen Heizapparaten und Öfen.

Dichter Talk ist auch der meiste Bildstein oder Agalmatolith (griech. agalma = Bild, lithos = Stein), aus dem in China Figuren geschnitzt werden.

Wichtige Verwendungsmöglichkeiten von Talk sind weiter: als Zusatz zu Seifen und Appreturen, als Füllmasse von Papier; Gummifabrikation, Schmier- und Poliermittelherstellung und Pharmazeutik verbrauchen bedeutende Mengen von Talk.

Pyrophyllit (griech. pyr = Feuer, phyllon = Blatt; v. d. L. fächerförmig aufblätternd). $Al_2(OH)_2[Si_4O_{10}]$. Monoklin, C_{2h}^6. Talkähnlich, dicht specksteinähnlich. Auf Quarzgängen in Schiefern bei Malmedy, Spa, Ottré (Belgien), bei Recht in der Eifel; größere Vorkommen in Nordkarolina, Kanada, Rußland usw. Rohstoff für feuerfestes Material, z. B. für Tiegeln bei der Diamantsynthese.

Glimmergruppe

Die Mineralien der Glimmergruppe sind nach einer Ebene, der Basis, sehr vollkommen spaltbar, die Spaltblättchen selbst sind elastisch biegsam; die Spaltfläche hat Perlmutterglanz.

Chemisch sind die Glimmer Tonerdesilikate, die außer Tonerde und Kieselsäure entweder vorwiegend Kali, Magnesia oder Lithion enthalten und hiernach als Kali-, Magnesia- und Lithionglimmer usw. unterschieden werden können; sie enthalten außerdem noch Wasser, Fluor und andere isomorphe Elemente, die dunklen auch Eisen, so daß ihre Zusammensetzung sehr mannigfaltig ist.

Für die Glimmer ist ein Schichtgitter kennzeichnend. Strukturell und chemisch lassen sie sich von Talk und Pyrophyllit ableiten (vgl. S. 140). Wird ein Viertel des Si in der Tetraederschicht durch Al ersetzt und die entsprechende Menge K-Ionen zwischen die Schichtpakete eingelagert, so entsteht der Muskovit; wird dann alles oktaedrische Al durch Mg ersetzt, liegt ein Phlogopit vor; mit wechselnden Mengen von Fe an Stelle des Mg ein Biotit. Alle Glimmer sind monoklin (Raumgruppe C_{2h}^6), obwohl die Kristalle hexagonal aussehen; viel häufiger als Kristalle sind unregelmäßig begrenzte Blättchen oder schuppige Aggregate. Ritzhärte ist richtungsverschieden; auf der Basis etwa 4, auf (110) etwa 2½.

Gesteinsbildend am wichtigsten sind die Al-reichen Abarten, die Muskovite oder hellen Glimmer, sowie die Mg- und Fe-reichen, die Biotite oder dunklen Glimmer; eine erhebliche

Mischbarkeit zwischen beiden ist nicht vorhanden; viele Gesteine enthalten Muskovit und Biotit nebeneinander.

Muskovit (von Vitrum Muscoviticum = Glas aus Moskau), $KAl_2(OH, F)_2[AlSi_3O_{10}]$. Monoklin-prismatisch, C_{2h}^6. Gelblich, nahezu farblos, auch schwach bräunlich oder grünlich. Durchsichtig. D. = 2,8—2,9. In der Natur teils primär, teils sekundär (durch Umwandlung anderer Silikate) gebildet. Wesentlicher oder akzessorischer Bestandteil von Graniten, Gneisen, Glimmerschiefern, Phylliten usw.; findet sich manchmal in großen Tafeln (im Ural, in Ostafrika [Uluguru], Indien [Bengalen und Madras], Nordamerika [N.-Karolina, Maryland], Australien [Alice Springs]), die aus pegmatitischen Gängen stammen und die wegen ihrer Durchsichtigkeit und leichten Spaltbarkeit als Fensterglas und wegen ihrer Widerstandsfähigkeit gegen Hitze vielfach an Öfen und Lampen benutzt werden. Der reinste Glimmer wird in der Elektrotechnik als Isolationsmaterial (bei Fernseh- und Radioröhren, in Radargeräten, Transformatoren usw.) verwendet; Glimmerbruchstücke mit einem geeigneten Bindemittel zu Isoliermassen und als Füllstoff. Muskovit fehlt den Ergußgesteinen; häufig sekundär bei pneumatolytischer und hydrothermaler Umbildung vieler Silikate. — Feinschuppiger, seidenglänzender Muskovit heißt Sericit (griech. serikos = seiden); er wird oft mit Talk verwechselt. Smaragdgrüner und chromhaltiger Muskovit, bei der Umwandlung chromhaltiger Olivingesteine gebildet, hat die Bezeichnung Fuchsit (nach dem Chemiker J. N. v. Fuchs).

Biotit (nach dem Mineralogen J. B. Biot), auch Magnesiaglimmer, $K(Mg, Fe'')_3 \cdot (OH)_2 \cdot [(Al, Fe''')Si_3O_{10}]$, der häufigste aller Glimmer, ist durch Eisengehalt meist dunkel gefärbt (dunkelbraun, dunkelgrün, schwarz). In dünnen Blättchen immer durchsichtig. Monoklin-prismatisch, C_{2h}^6. D. = 2,8—3,2. Gemengteil der meisten Eruptivgesteine, zahlreicher Gneise, Glimmerschiefer, kontaktmetamorpher Hornfelse usw. In Sedimenten seltener und meist in ausgebleichtem Zustand. Kristalle in Drusen und Auswürflingen. Wegen seines Kaligehaltes hat Biotit, wie Muskovit, eine Bedeutung für den Boden. Pegmatitisch oder pneumatolytisch in Kontaktzonen von Kalken und Dolomiten gebildeter rotbrauner, gelblicher bis farbloser Glimmer ist

Phlogopit (griech. phlogopos = feuerähnlich), $KMg_3(F, OH)_2[AlSi_3O_{10}]$; stets fluorhaltig und fast eisenfrei. Monoklin-prismatisch, C_{2h}^6. Technisch wichtigen Phlogopit liefert Ceylon; große Kristalle von Südmadagaskar, Sydenham in Ontario. In metamorphen Kalken und Dolomiten, z. B. von Campolungo im Tessin.

Lepidolith (griech. lepis, lepidos = Schuppe, lithos = Stein), auch Lithionglimmer, $K(Li, Al)_3[(F, OH, O)_2 | AlSi_3O_{10}]$, bildet fast ausschließlich muskovitähnliche, pfirsichblüten- bis rosenrote Blättchen und Schuppen. Schmilzt leicht und gibt eine purpurrote Flammenfärbung. Findet sich als pneumatolytisches Mineral in Graniten und Granitgängen, z. B. bei Penig in Sachsen, Rožná in Mähren, auf Elba, bei Gonçalo/Guarda in Portugal usw. Dient zur Darstellung von Lithiumverbindungen.

Ein eisenhaltiger, meist brauner Lithionglimmer, der sich in Zinnstein führenden Graniten und Gneisen als Produkt pneumatolytischer Zersetzung bei Zinnwald (Cinvald) im Erzgebirge findet, heißt Zinnwaldit, $K(Fe'', Li)_3[(F, OH)_2 | AlSi_3O_{10}]$.

Ein dem Biotit sehr ähnliches Gitter hat der grüne, chloritähnliche Glaukonit (griech. glaukon = blaugrün), der in rundlichen Körnern in marinen Sandsteinen und Mergeln vorkommt, z. B. im „Essener Grünsand" der Kreide.

Margarit (griech. margarites = Perle, nach dem Glanz). $CaAl_2(OH)_2[Si_2Al_2O_{10}]$, ist ein Kalkglimmer, z. B. metamorph im Chloritschiefer am Greiner in Tirol, dann aber vor allem auf Smirgellagerstätten. Die Spaltblättchen sind spröde und zerbrechlich! H. $\sim$ 4, D. = 3. Starker Perlmutterglanz der weißlichen bis perlgrauen Schüppchen. Als Natronglimmer hat der

Paragonit (griech. paragon = täuschend), $(Na, K)Al_2$-$(OH)_2[AlSi_3O_{10}]$, Bestandteil der Paragonitschiefer (z. B. Monte Campione bei Faido), eine lokale Bedeutung.

Glimmerartige Tonmineralien, die innerkristallin nicht quellen, werden mit dem Sammelbegriff

Illit (nach dem Staat Illinois, USA) bezeichnet; sie sind als Dreischichtmineralien entweder dioktaedrisch (Di-Illite) oder trioktaedrisch (Tri-Illite). Die Illite gehören zu den häufigsten Mineralien der Sedimente, vor allem der marinen Tonsedimente. Früher gebrauchte Namen dieser Gruppe: Sericit, Hydroglimmer, Glimmerton usw.

Glimmer mit spröden und leicht zerbrechlichen Spaltblättchen, wie der schon erwähnte Margarit, werden als Sprödglimmer bezeichnet; unter ihnen ist der

Chloritoid (Ottrelith), $Fe_2Al_4(OH)_4[Si_4Al_4O_{20}] \cdot 2Fe(OH)_2$, als Gemengteil metamorpher Schiefer (z. B. Ottrez — Name! —, Ardennen und Pregratten, Tirol u. a.) von Bedeutung (sog. Chloritoidschiefer). H. > 6, D. = 3,4—3,6.

Chloritgruppe

Die zu dieser Gruppe zählenden Mineralien sind nach der Basis glimmerähnlich spaltbar, aber merklich schlechter; Spaltblättchen biegsam, nicht elastisch. Meist dunkelgrün gefärbt mit einem Stich ins Blaugrüne. Der Form nach scheinen sie hexagonal zu sein, sie sind aber monoklin. Die Kristallstruktur ist glimmerartig (sie besteht aus abwechselnden Talk- und Brucitschichten), aber die Abstände zwischen den SiO_4-Tetraedern sind bedeutend größer; diese Zwischenräume enthalten Hydroxydschichten. Chemisch sind die Chlorite (griech. chloros = hellgrün) magnesia- und eisenhaltige Tonerdesilikate mit Wasser, und zum Unterschied von Glimmer frei von Alkalien. H. = 1—2.

Vorkommen gesteinsbildend (u. a. in Chloritschiefern sehr verbreitet); hydrothermal auf Klüften mancher Gesteine. Umwandlungs- und Verwitterungsprodukt verschiedener Mineralien, oft in Pseudomorphosen. Bestandteil vieler Tonsedimente. Viele und uneinheitliche, z. T. überflüssige Namensbezeichnungen liegen vor.

Pennin (nach den penninischen Alpen), $Mg_5(Mg, Al)[(OH)_8 | (Al, Si)Si_3O_{10}]$, durch Verzwillingung oft pseudorhomboedrisch (Fig. 115), bläulich-grün. H. = 2½, D. = 2,5—2,6. Häufig in Diabasen, seltener in Chloritschiefern. Hydrothermal auf Klüften (z. B. von der Rimpfischwänge bei Zermatt, bei Ala in Piemont, im Zillertal). Ähnlich Pennin ist der Prochlorit $(Mg, Fe)_5Al[(OH)_8 | AlSi_3O_{10}]$, oft in wurmähnlich gebogenen Säulen, die geldrollenförmig übereinanderliegenden Täfelchen entsprechen; auch bei anderen Chloriten beobachtet! Hauptbestandteil der Chloritschiefer, wie auch gelegentlich Klinochlor. Bestimmung und Unterscheidung dieser und anderer Chlorite, auch optisch, schwer.

Fig. 115

Thuringit (nach dem Lande Thüringen), ein Chlorit der untersilurischen Schiefer von Schmiedefeld bei Saalfeld, oolithisch ausgebildet.

Euklas, $Al[BeSiO_4OH]$, ein seltener Edelstein der Pegmatite — bei Ouro (Minas Geraes), Epprechtstein (Fichtelgebirge) — und alpiner Klüfte (Sonnblick-Hocharngruppe); auch in der Kongorepublik, Indien, Ural usw. — Monoklin-prismatisch (C_{2h}^5). flächenreiche, vertikal gestreifte Kristalle, hellgrün bis hellbläulich, H. = 7½, D. = 3,10. Vollkommene Spaltbarkeit nach (010). Name! (gr. eu = gut, klasis = Spaltung).

Tetragonal kristallisierende Silikate (vgl. S. 139) sind durch Netze gekennzeichnet, in denen die SiO_4-Tetraeder zu quadratischen und verzerrten Achterringen (Fig. 116) gruppiert sind; die Spitzen der Tetraeder sind in benachbarten Viererringen einmal nach oben, einmal nach unten gerichtet. Erwähnenswert in dieser Gruppe sind:

Fig. 116

Apophyllit (griech. apo = ab, auf, phyllon = Blatt,) $KCa_4[F \mid (Si_4O_{10})_2] \cdot 8H_2O$. Ditetragonal-dipyramidal (D_{4h}^6). Die vorwiegend aufgewachsenen Kristalle pyramidaler, prismatischer (Fig. 117) bis würfeliger Ausbildung sind häufig begrenzt vom Prisma zweiter Stellung (100), von der Dipyramide erster Stellung (111) und der Basis (001); nach letzterer Fläche sehr vollkommen spaltbar, auf ihr Perlmutterglanz. Durchsichtig bis durchscheinend, farblos, weiß oder rosa. H. = 4½—5, D. = 2,3—2,4. Hydrothermal gebildet in Blasenräumen basaltischer und verwandter Gesteine (Sasbach am Kaiserstuhl, Haslach in Baden, Aussig = Ústí nad Labem in Böhmen usw.), auf Erzgängen (St. Andreasberg am Harz, Kongsberg in Norwegen usw.), auf Zerrklüften der Alpen (Seiseralp u. a.) sowie auf den Magnetitlagerstätten des Banats (Oraviţa = Oravicza). Apophyllit steht chemisch und genetisch den Zeolithen nahe, gehört aber kristallstrukturell (Schichtgitter!) nicht zu dieser Mineralgruppe.

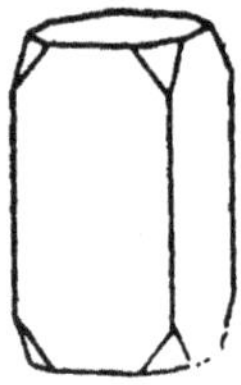

Fig. 117

7. Gerüstsilikate

Silikate mit Gerüstgitter (vgl. S. 113), entstanden durch eine dreidimensionale Verknüpfung von SiO_4-Tetraedern.

Feldspatvertreter

Mineralien in kieselsäureärmeren Gesteinen an Stelle der Feldspäte; sie enthalten weniger SiO_2 als die Feldspäte.

Nephelin (griech. nephele = Wolke), auch Eläolith (griech. elaion = Öl; nach dem Glanz!), allgemein $NaAlSiO_4$, wahrscheinlich $Na_3K[AlSiO_4]_4$, hexagonal-pyramidal (C_6^6). Kristalle meist kurzsäulig, begrenzt von Prisma und Basis. Die mindere Symmetrie durch Ätzfiguren deutlich nachweisbar. Farblos, meist aber weiß, grau; glasglänzend. H. = 5½ bis 6, D. = 2,60—2,65. V. d. L. ziemlich leicht zu Glas schmelzbar; mit Salzsäure bei Erwärmung durch Bildung gallertartiger Kieselsäure wolkig.

Wichtiger Gemengteil der Alkaligesteine, vor allem der Syenite und deren Pegmatite, der Phonolithe und Nephelinbasalte. Aufgewachsene Kristalle finden sich z. B. am Vesuv (der Somma) in früher vom Vulkan ausgeworfenen Blöcken, auf kleinen Drusen der Laacher See-Auswürflinge. Eine derbe, fettglänzende, trübe, rote oder grüne Art, der Eläolith, ist Bestandteil mancher Syenite (Eläolithsyenite) und deren Pegmatite. Technisch genutzt werden die reichlichen Nephelin-Apatitvorkommen der Halbinsel Kola, aber auch der Insel Sternoy in Finmark (Norwegen).

Leucit (griech. leukos = weiß), $KAlSi_2O_6$, kubisch-hex'oktaedrisch, in Ikositetraedern (Fig. 118), die aber aus wahrscheinlich tetragonalen (C_{4h}^6) Lamellen (β-Leucit) aufgebaut sind; oberhalb 605° C isotrop und regulär (α-Leucit, O_h^{10}), unterhalb dieser Temperatur tritt der Lamellenbau (vgl. Fig. 118) wieder auf. Die Oberfläche der Kristalle ist meist rauh. Muscheliger Bruch. H. = 5½—6, D. = 2,5. V. d. L. unschmelzbar, von Säuren zersetzt.

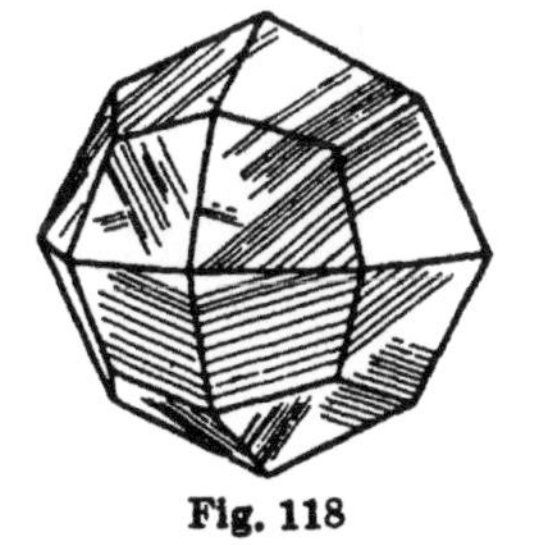
Fig. 118

Wesentlicher oder akzessorischer Gemengteil kalireicher Ergußgesteine, besonders der Leucitphonolithe, Leucitbasalte usw. Vorkommen u. a. im Laacher Seegebiet, am

Kaiserstuhl, am Vesuv. Lose in Tuffen, wie des Vesuvs und des Albanergebirges. Leucitreiche Gesteine werden als Kalidüngemittel benutzt.

Sodalithgruppe

Sodalith, Nosean und Hauyn. In ihnen ist das Nephelinsilikat mit einem anderen Salz verbunden. Alle kristallisieren in der Form des kubischen Rhombendodekaeders, aber nach Ätzfiguren kubisch-hex'tetraedrisch (T_d^4). Sie werden leicht von Säuren unter Gallertbildung zersetzt. V. d. L. schwer zu blasigem Glas schmelzbar. H. = 5—6, D. = 2,3—2,6.

Sodalith (engl. sodium = Na, griech. lithos = Stein) ist chlorhaltig: $3NaAlSiO_4 \cdot NaCl$ bzw. $Na_8[Cl_2 \mid (AlSiO_4)_6]$. $a_0 = 8{,}83—8{,}91$ Å. Meist farblos, aber auch schön blau. Gemengteil in Eläolithsyeniten (Ditrău = Ditró in Siebenbürgen), Trachyten, Phonolithen usw. In den Auswürflingen vom Laacher See.

Nosean (nach dem Mineralogen K. W. Nose) ist schwefelhaltig: $3NaAlSiO_4 \cdot Na_2SO_4$ bzw. $Na_8[SO_4 \mid (AlSiO_4)_6]$. $a_0 = 8{,}98—9{,}15$ Å. Z. B. im Noseanphonolith am Schellkopf bei Brenk (Eifel). Meist braun, während

Hauyn (nach dem franz. Mineralogen René Just Hauy), $3NaAlSiO_4 \cdot CaSO_4$ bzw. $(Na, Ca)_{8-4}[(SO_4)_{2-1} \mid (AlSiO_4)_6]$, vorwiegend blau ist. $a_0 = 9{,}12$ Å. In der eintrocknenden Gallerte eines HNO_3-Aufschlusses scheiden sich Gipsnädelchen ab. Hauyn und Nosean sind in erster Linie Gemengteile nephelin- und leucitführender Ergußgesteine. Aufgewachsen in Laacher See-Auswürflingen (Hauyn- und Noseansanidiniten), eingewachsen z. B. in den Leucitophyren des Laacher Sees, in der Mühlsteinlava von Niedermendig usw. In enger Beziehung zur Sodalithgruppe steht der

Lasurstein (Lazur-Sten des Mittelalters; lazur vom arab. lazaward = blaue Farbe), auch Lapislazuli (lat. lapis = Stein) und Lasurit. $(Na, Ca)_8[(SO_4, S, Cl)_2(AlSiO_4)_6]$. a_0 =

9,08 Å. Rhombendodekaeder selten; bildet sehr feinkörnige, fast dichte Massen von blauer Farbe, die oft mit Körnchen von gelbem Schwefelkies und von Kalkspat durchsetzt oder mit farblosem Glimmer und Diopsid innig gemengt sind; hierdurch schwankt die Dichte von 2,4—2,9. In kontaktmetamorphen Kalken, vor allem in Afghanistan (Badachschan) und am Westende des Baikalsees (Malo Bystrinsk), abgebaut. Wird zu Schmuckgegenständen verarbeitet. Das reine Material lieferte früher die sehr wertvolle blaue Farbe (natürliches Ultramarin), die jetzt durch das künstliche Ultramarin ersetzt wird.

Cancrinit (nach F. L. Cancrin, 1738—1816), $(Na_2Ca)_4$ $[CO_3 \mid (H_2O)_{0-3} \mid (AlSiO_4)_6]$, hexagonal-pyramidal ($C_6^6$), kurz- bis langsäulig, mit vollkommener Spaltbarkeit nach (10$\bar{1}$0). Weiß, grau und blau, auch rötlich. Im Gegensatz zu Nephelin beim Glühen trübe. H. = 5—6, D. = 2,4—2,5. Ist gelegentlicher Gesteinsgemengteil in Laacher See-Auswürflingen, in Nephelinsyeniten (Kristiania- und Fen-Gebiet in Norwegen, Ditrău = Ditro/Siebenbürgen) und Nephelinpegmatiten (z. B. Ilmengebirge).

Feldspatgruppe

Die Feldspäte — die weitaus wichtigsten gesteinsbildenden Mineralien — sind nach der allgemeinen Formel WZO_4 gebaut; W = K, Na, Ca, Sr, Ba; Z = Si, Al, Fe. Von Bedeutung sind nur die Moleküle

$KAlSi_3O_8$	Kalifeldspat — Orthoklas	Or
$NaAlSi_3O_8$	Natronfeldspat — Albit	Ab
$CaAl_2Si_2O_8$	Kalkfeldspat — Anorthit	An

Ab und An bilden eine kontinuierliche (lückenlose) isomorphe Mischungsreihe, die Kalknatronfeldspäte (Plagioklase). Or und Ab mischen sich bei erhöhter Temperatur fast unbegrenzt und bilden die Reihe der Alkalifeldspäte;

bei langsamer Abkühlung erfolgt eine Entmischung (Perthitisierung). Or und An sind bei allen Temperaturen kaum mischbar.

Die Feldspäte kristallisieren entweder monoklin oder triklin. Alle spalten deutlich nach zwei Richtungen, die bei den monoklinen senkrecht, bei den triklinen schief (etwa 94°) aufeinanderstehen. Nach dem Spaltwinkel bezeichnete man die monoklinen Orthoklas (griech. orthos = gerade, klasis = Spaltung), die triklinen Plagioklas (griech. plagios = schief, klasis = Spaltung). Die bessere Spaltfläche wird bei der kristallographischen Aufstellung als Basis P (001), die andere als Längsfläche M (010) angenommen (s. Fig. 120 und 121, aber auch 123).

In großen Zügen gibt es von allen drei Endgliedern (Or, Ab und An) jeweils eine Tieftemperatur- und eine Hochtemperatur-Modifikation mit der entsprechenden Tief- und Hochtemperaturoptik.

Das Raumgitter der Feldspäte ist sehr kompliziert aufgebaut, z. T. noch in Einzelheiten ungeklärt; jedenfalls besitzen die Feldspäte „Tetraeder-Gerüst-Strukturen" (vgl. S. 113), in denen sowohl Si^{4+} als auch Al^{3+} von vier Sauerstoffen „tetraedrisch" umgeben sind. Raumbeanspruchung und koordinatives Verhalten von Si und Al weisen bei tiefer Temperatur größere Unterschiede auf als bei hohen Temperaturen; zugleich spielt eine stabile und unstabile Al/Si-Verteilung (geordnet und ungeordnet) für die verschiedenen Feldspat-Stabilitätsbereiche eine Rolle.

Bei der Verwitterung der Feldspäte entstehen neben Kalziumkarbonat durch Verlust der alkalischen Bestandteile Kaolinit (S. 141) und tonige Substanzen. Das Kali aus dem verwitterten Kalifeldspat wird von den Böden aufgenommen und bewirkt ihre Fruchtbarkeit.

Kalifeldspat, $K[AlSi_3O_8]$, kristallisiert monoklin und triklin. Die wichtigsten Abarten sind:

Name	Sanidin	Orthoklas	Mikroklin	Adular
Symmetrie	monoklin	monoklin	triklin	triklin u. pseudomonoklin
Stabilitäts-temperatur	hoch	mittel	niedrig	instabil

Die Kristalle der Kalifeldspäte (Fig. 119—122) sind in der Regel begrenzt vom Vertikalprisma (T), der Längsfläche (M), der Basis (P), den Querflächen (x, y) und oft noch von einer

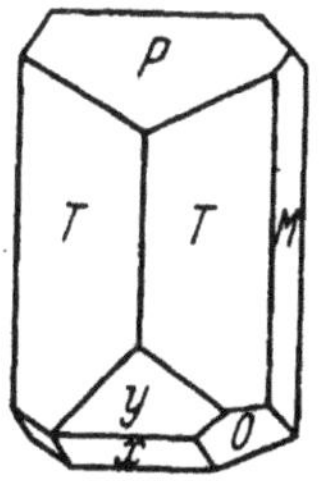

Fig. 119

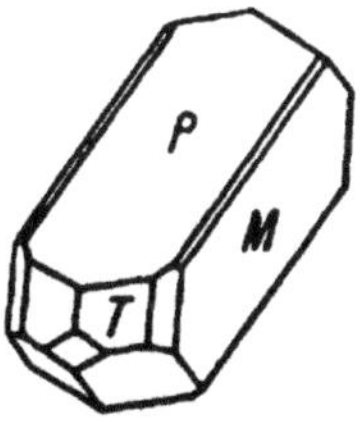

Fig. 120

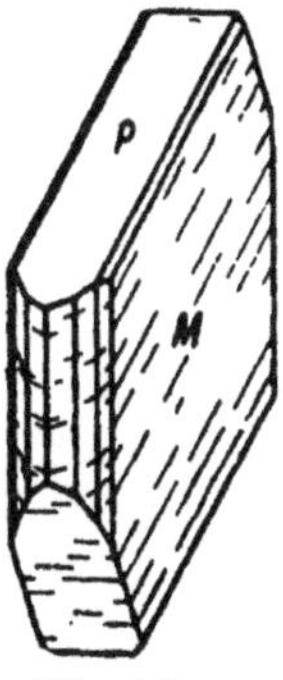

Fig. 121

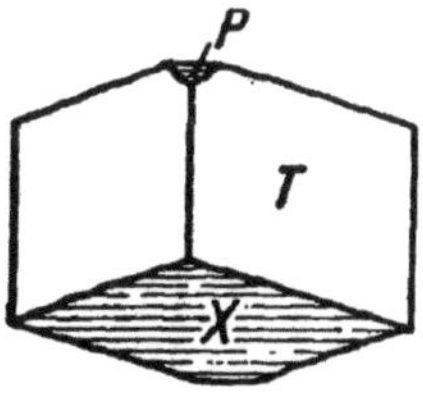

Fig. 122

Pyramide (o). Kristalltracht nach dem Vorkommen verschieden: Eingewachsene Kristalle entweder prismatisch nach T (Fig. 119) oder gestreckt nach der a-Achse (Fig. 120), vorwiegend in Tiefengesteinen; tafelig nach M (Fig. 121) in Ergußgesteinen; durch Vorherrschen von T und x (Fig. 122) rhomboedrisch (auf Klüften). Häufig Zwillinge: Karlsbader Zwillinge (Fig. 123) haben die Querfläche (100) gemeinsam und sind Durchkreuzungszwillinge. Bavenoer Zwillinge haben eine Fläche des Längsprismas (021), Manebacher die Basis (001) als Zwillingsebene, und sie sind Berührungszwillinge. H. = 6, D. = 2,5—2,6.

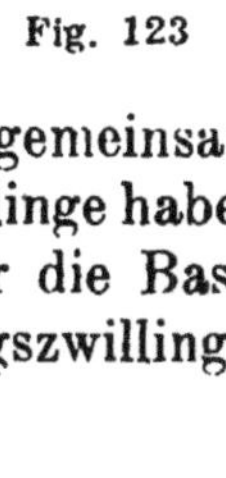
Fig. 123

Nach Farbe, Ausbildung und Vorkommen werden bei Kalifeldspat u. a. unterschieden:

Orthoklas, monoklin (morphologisch und optisch), trüb, fast undurchsichtig, weiß, grau, gelblich, rötlich, auch grünlich. Die weitaus häufigste Abart, Gemengteil der sog. Orthoklasgesteine, wie Granit, Syenit (mattblau schillernd in südnorwegischen Syeniten), Porphyr usw.; verbreitet in Pegmatiten (u. a. bei Taus = Domažlice und Dolní Bory in Böhmen abgebaut), auch auf sekundären Lagerstätten und in sedimentären Gesteinen. Schöne Kristalle in Granitdrusen von Striegau in Schlesien, im Fichtelgebirge, bei Karlovy Vary = Karlsbad, Baveno am Lago Maggiore usw. Feldspat wird hauptsächlich in der Grob- und Feinkeramik, Glas- und Porzellanindustrie verwendet.

Sanidin (griech. sanis, sanidos = Tafel), auch „glasiger" Feldspat, ist tafelig nach der Längsfläche, klar, durchscheinend, farblos, meist natronhaltig. Bestandteil von Trachyten (Drachenfels im Siebengebirge, Gleichenberg/Steiermark), Auswürflingen am Laacher See, Ignimbriten usw.

Adular (nach den Adula-Alpen), meist ohne Längsfläche (vgl. Fig. 122) und in rhomboedrischer Tracht, farblos, klar, durchsichtig; findet sich als hydrothermale Bildung auf Klüften von Silikatgesteinen in den Alpen usw. Er zeigt bisweilen einen bläulichen Lichtschein und wird dann unter dem Namen Mondstein als Schmuckstein benutzt, besonders solcher von Ceylon; bei richtiger Beleuchtung zeigt er einen wogenden Lichtschein.

Perthite (nach Perth in Kanada) zeigen entmischte Albitlamellen in Kalifeldspat, die in eigentümlich angeordneten Schnüren nicht selten beobachtbar sind. — Als Schriftgranit wird eine eigenartige Verwachsung von Quarz mit Orthoklas (auch mit Mikroklin) bezeichnet.

Der Anorthoklas (griech. an = un, orthos = gerade, klasis = Spaltung) ist eine trikline Mischung von Kali- und Natronfeldspat, in der gewöhnlich eine beginnende Entmischung zu erkennen ist. Meist in Ergußgesteinen foyaitischer Magmen; Kristalle aus Laven der Insel Pantelleria.

Der trikline Kalifeldspat heißt Mikroklin (griech. mikros = klein, klinein = neigen); er ist äußerlich vom Orthoklas oft nicht zu unterscheiden, seiner optischen und anderen Eigenschaften wegen muß er aber für triklin-pinakoidal (C_i^1) angesprochen werden. Gelegentlich ist mit dem freien Auge oder mit einer Lupe die sog. „Mikroklingitterung“ zu sehen [Etwa senkrecht aufeinanderstehende polysynthetische Zwillingslamellen nach dem Albitgesetz — parallel (010) und dem Periklingesetz — parallel (100)]. — Vorkommen wie Orthoklas. Eine rein grüne Varietät ist der als Schmuckstein zur Verwendung kommende Amazonenstein (Amazonit), der sich bei Miask im Ural, am Pikes Peak in Colorado, in Grönland u. a. O. vorfindet.

Plagioklase sind isomorphe Mischungen von Natron- und Kalkfeldspat.

a) Natronfeldspat oder Albit (lat. albus = weiß), Na[$AlSi_3O_8$], triklin-pinakoidal (C_i^1). Die Form der einfachen Kristalle ist der von Orthoklas sehr ähnlich (vgl. Fig. 124 mit Fig. 119); meist Zwillinge, die nach der Längsfläche (010) verzwillingt und verwachsen sind (Albitgesetz, Fig. 125); die Basisflächen bilden dann an einem Ende flach einspringende, am anderen flach ausspringende Winkel. Häufig polysynthetische Zwillinge nach dem Albitgesetz, die oft durch eine augenfällige Zwillingsstreifung erkennbar sind. Weiß bis farblos, durchsichtig oder durchscheinend, glasglänzend. D. ~ 2,61. Findet sich aufgewachsen in Drusen, Pegmatiten und auf Klüften von Granit, z. B. Striegau in Schlesien, im Fichtelgebirge, aber auch auf Klüften alpiner Gesteine, in Erzgängen (z. B. Morro Velho). Eingewachsen in Alkaligraniten und -syeniten wie deren Ergußformen, häufiger neugebildet in Gneisen. D. ~ 2,60.

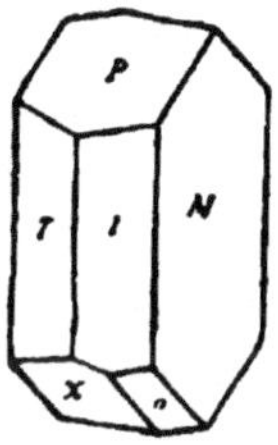

Fig. 124

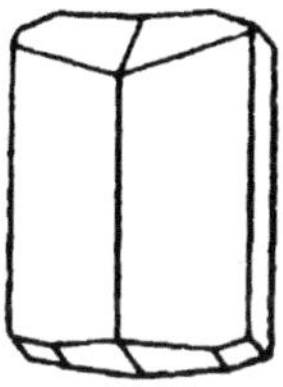

Fig. 125

b) Kalkfeldspat oder Anorthit (griech. an = un, orthós = gerade), Ca[$Al_2Si_2O_8$], bildet kleine weiße, triklinpinakoidale Kristalle (C_i^1). Aufgewachsene Kristalle z. B. auf Drusen der Somma-Auswürflinge; eingewachsen als Gesteinsgemengteil in ultrabasischen Tiefen- und Ergußgesteinen sowie deren Tuffen (Miyake in Japan). D. = ~ 2,76.

c) Kalknatronfeldspäte (Plagioklase) sind isomorphe Mischungen von Ab und An und wie diese beiden Endglieder triklin-pinakoidal kristallisierend; häufig derb. Für letztere ist oft eine Zwillingsstreifung kennzeichnend; eine solche fehlt dem monoklinen Orthoklas. Die Streifen laufen der von den beiden Spaltflächen gebildeten Kante parallel; jeder Streifen entspricht einem dünnen Individuum, das sich zu den beiden benachbarten in Zwillingsstellung befindet. — Weiß, grau, selten rötlich.

Nach dem jeweiligen Mischungsverhältnis werden unterschieden: Oligoklas — griech. oligos = wenig, klasis = Spaltung — (10—30% An), Gemengteil vieler Eruptivgesteine; durch eingelagerte Eisenglanzschüppchen schillernd und Sonnenstein bezeichnet. Andesin (30—50% An), in vielen Basalten und Andesiten; Kristalle im Cordieritgneis von Bodenmais in Bayern. Labradorit (50—70% An), zeigt bisweilen in bestimmten Richtungen lebhaft schillernde Farben (Labradorisieren), besonders blau und grün, und ist dann ein schleifwürdiger Schmuckstein (z. B. von der Labradorküste [Name!] Nordamerikas und von Ylämaa in Finnland). Gemengteil basischer Eruptivgesteine (Gabbro u. a.). Bytownit (70—90% An), im Forellenstein von Volpersdorf und Harzburg sowie in anderen Gabbromassiven. Name nach dem Fundort Bytown, Kanada.

Die physikalischen Eigenschaften der Mischungsglieder sind kontinuierliche Funktionen der Mischungsverhältnisse der beiden Endglieder. Die optischen Eigenschaften sind auch temperaturabhängig, so daß eine Tief- und eine Hochtemperaturoptik der Plagioklase verzeichnet werden kann.

Skapolithe (griech. skapos = Pfeil, Spieß, lithos = Stein) sind isomorphe Mischungen des Natronskapoliths Marialith (nach Frau Maria von Rath) $Na_8[(Cl_2, SO_4, CO_3) | (AlSi_3O_8)_6]$ und des Kalkskapoliths Mejonit (griech. meion = geringer) $Ca_8[(Cl_2, SO_4, CO_3)_{2(?)} | (Al_2Si_2O_8)_6]$, wobei sie tetragonal-dipyramidal (C_{4h}^5) kristallisieren. Farblos oder weiß, glasiger Glanz. Oft völlig trüb und porzellanartig. H. = 5—6½, D. = 2,54—2,77. V. d. L. leicht und unter Aufblähen schmelzend. Typisches Mineral kontaktmetamorpher Gesteine und Lagerstätten (Arendal in Norwegen, Pargas in Finnland, Strážek bei Velké Meziříčí = Groß Meseritsch in Mähren usw.). Kristalle in Somma- und Laacher See-Auswürflingen. Ein klarer gelber Edelskapolith aus Brasilien findet Verwendung als Schmuckstein.

Datolith (griech. dateomai = teilen, absondern; nach der körnigen Absonderung derber Abarten), $CaB[OH | SiO_4]$, monoklin-prismatische Kristalle (C_{2h}^5), farblos, grünlich bis gelblich, glasglänzend, durchsichtig. H. = 5—5½, D. = 2,9—3,0. V. d. L. unter Aufschäumen schmelzbar; grüne Flammenfärbung. Hydrothermal auf Klüften und Drusen basischer Eruptivgesteine (St. Andreasberg auf Diabasklüften, Seiseralp in Melaphyrblöcken), oft recht flächenreich; seltener auf Erzlagerstätten (z. B. Arendal und Utö in Norwegen), selten in Drusen von Graniten. Klare Kristalle von New Jersey wurden gelegentlich als Schmuckstein verwendet.

Zeolithe

Die Zeolithe sind kristallisierte, wasserhaltige, feldspatähnliche Silikate, die sich meist in Blasenräumen, Drusen und auf Klüften von Eruptivgesteinen und deren Tuffen, aber auch in kristallinen Schiefern und auf Erzgängen finden. Sie sind hydrothermaler Entstehung, gelegentlich auch pseudomorph nach Feldspäten und ihren Verwandten.

Ihr Wassergehalt ist von der Temperatur abhängig und wird mit steigender Temperatur kontinuierlich abgegeben, ohne

Bildung bestimmter Hydrate; es ist zeolithisch gebunden. Die Wasserabgabe erfolgt ohne Zerstörung des Gitters. Bedeutsam ist, daß die Zeolithe verlorenes Wasser wieder aufzunehmen vermögen, statt des Wassers aber auch andere flüchtige Stoffe, wie Ammoniak, reines Jod oder Kohlenwasserstoffe. Durch diese Eigenschaft wird wahrscheinlich gemacht, daß als Gerippe der Kristallstruktur die SiO_4-Gerüste dienen, in deren offenen Hohlräumen sich die Wassermoleküle einbauen, ohne am Zusammenhalt des Gitters selbst teilzunehmen.

Beim Erhitzen schäumen die Zeolithe auf, daher ihr Name Siedesteine (gr.: zéo = ich koche, siede; lithos = Stein). Alle werden durch Salzsäure zersetzt. Viele Zeolithe besitzen das Vermögen, bei Behandlung mit einer Salzlösung ihren basischen Bestandteil gegen den der Lösung einzutauschen; so gibt z. B. Chabasit bei Behandlung mit einer Kochsalzlösung sein Kalzium ab und nimmt dafür äquivalente Mengen von Natrium auf; danach mit Chlorkalziumlösung behandelt, tauscht er sein Natrium gegen Kalzium aus; dieser Basenaustausch hat für die Enthärtung von Wasser eine beachtenswerte Bedeutung. Durch ihre Aufnahmefähigkeit für bestimmte Stoffe werden die Zeolithe auch für die fraktionierte Reinigung sonst schwer trennbarer Gase verwendet.

Die Zeolithe sind meist farblos bis weiß, durch Beimengungen gefärbt. Morphologisch Neigung zu Vizinalflächen, mimetischen Zwillingen und Viellingen.

Natrolith (Natro: Hinweis auf Na, griech. lithos = Stein), annähernd $Na_2[Al_2Si_3O_{10}] \cdot 2H_2O$, rhombisch-pyramidal ($C_{2v}^{19}$), ist der wichtigste Vertreter der Faserzeolithe. Kristalle, begrenzt von Prisma und Bipyramide, sehen deutlich pseudotetragonal aus; meist in weißen oder gelben, faserigen und strahligen Aggregaten. Durchsichtig bis undurchsichtig. An der Lichtflamme leicht schmelzbar. H. = 5—5½, D. = 2,2 bis 2,4. Nadelige und radialstrahlige Aggregate besonders häufig in Drusen und Klüften böhmischer Phonolithe [Aussig (Ústí nad Labem) und Teplitz (Teplice)], hessischer und anderer Basalte. Gelbe Krusten und Schnüre im Phonolith vom Hohentwiel. Auch in Syeniten Norwegens.

Skolecit (griech. skolex = Wurm), $Ca[Al_2Si_3O_{10}] \cdot 3H_2O$, monoklin-domatisch, gewöhnlich pseudorhombische Zwillinge, mit Federstreifung auf (010). Pyroelektrisch. Raumgruppe C_s^4 (?). In Basalthohlräumen, auf alpinen Klüften und Drusen in Granit und Syenit.

Mesolith (griech. mesos = mittel, lithos = Stein), chemisch zwischen Natrolith und Skolecit, so daß Mischkristalle vorliegen.

Thomsonit (nach Prof. Thomas Thomson), $NaCa_2[Al_2(Al, Si)Si_2O_{10}]_2 \cdot 5H_2O$, rhombisch-dipyramidal (D_{2h}^7), meist fächerförmige stengelige oder kugelförmige Aggregate, sowie faserig. Kristalle selten. Bisweilen regelmäßig mit Natrolith verwachsen. Auf Blasenräumen phonolithischer und basaltischer Gesteine. Auf der Seiseralpe in Melaphyr, am Vesuv in alten Laven. Bekannte Fundorte sind Dumbarton in Schottland, aber auch die Faröer-Inseln (radialfaserige Kugeln, sog. Faröelith).

Laumontit (nach Gillet Laumon), $Ca[Al_2Si_2O_6]_2 \cdot 4H_2O$, monoklin ($C_s^2$ oder C_s^3); Kristalle säulenförmig, vertikal gestreift. Farblos, blaßgelb oder blaßrot. Verstäubt an trockener Luft; das Wasser entweicht fast bis zur Hälfte, wodurch die Kristalle matt und bröckelig werden. Auf Klüften und Blasenräumen von Eruptivgesteinen, aber auch in Gneisen und Schiefern. Im Melaphyrmandelstein von Oberstein-Idar, im Gabbro von Harzburg, im Syenit des Plauenschen Grundes. Mit Kupfererzen am Oberen See (USA). Als Verdrängungsprodukt von Feldspat und Quarz in Kuhmoinen (Zentralfinnland).

Unter den Blätterzeolithen, im Gegensatz zu den obigen Faserzeolithen, sind erwähnenswert:

Heulandit (nach dem engl. Sammler H. Heuland), $Ca[Al_2Si_7O_{18}] \cdot 6H_2O$, monoklin-prismatisch ($C_{2h}^3$); einfache, tafelige

Kristalle, die sehr vollkommen nach (010) spalten. Auch blättrig und spätig. Gewöhnlich farblos, durch eingelagerte Goethitschüppchen ziegelrot (aus dem Fassatal, von Vaţa = Vacza in Siebenbürgen u. a. O.). H. = 3½—4, D. = 2,1—2,2. In Mandeln und Drusen von Basalten (Färöer) oder Graniten (Striegau und Elba), auf alpinen Klüften; seltener auf Erzgängen (z. B. seinerzeit in St. Andreasberg im Harz).

Desmin (griech. desme = Bündel), auch Stilbit (griech. stilbein = glänzen), $Ca[Al_2Si_7O_{18}] \cdot 7H_2O$, monoklin-prismatisch ($C_{2h}^3$); meist in charakteristischen garbenförmigen Bündeln (Name!) oder stengeligen Aggregaten. Farblos, weiß. Perlmutterglanz auf der Spaltfläche (010). H. = 3½ bis 4, D. = 2,1—2,2. Ziemlich verbreiteter und auch reichlich auftretender Zeolith. Auf Drusen von Basalten in Schottland, Färöer, Grönland (den Doppelspat von Eskifjord überkrustend), in Granitdrusen (z. B. Baveno, Striegau), auf Klüften kristalliner Schiefer (um Gastein, Böckstein, am St. Gotthard), auf der Eisenerzlagerstätte von Arendal.

Der morphologischen Ausbildung nach werden noch W ü r f e l z e o l i t h e beobachtet; die Kristalle sind kubisch oder pseudokubisch.

Chabasit (griech. chabasios = Bezeichnung für einen nicht näher gekennzeichneten Stein), $Ca[Al_2Si_4O_{12}] \cdot 6H_2O$, kristallisiert in würfelähnlichen Rhomboedern, die oft Durchwachsungszwillinge (Fig. 126) bilden. Ditrigonal-skalenoedrisch. Raumgruppe D_{3d}^5. Farblos, weiß, auch rötlich; durchsichtig oder durchscheinend, glasglänzend. Spröd. H. = 4½, D. = 2,1. Besonders schön in blasigem Basalt bei Nidda am Vogelsberg, im Melaphyr bei Oberstein, im Phonolith bei Aussig (Ústí nad Labem) in Böhmen u. a. O.; seltener im Granit (Striegau, Baveno) oder auf Erzgängen, wie ehemals bei St. Andreas-

Fig. 126

berg am Harz. Als Absatz der Thermalquellen von Plombières.

Phillipsit (nach dem engl. Mineralogen W. Phillips), $KCa[Al_3Si_5O_{16}] \cdot 6H_2O$, und

Harmotom (griech. harmos = Verbindungsstelle, Fuge, tomos = geschnitten), $Ba[Al_2Si_6O_{16}] \cdot 6H_2O$, sind einander sehr ähnlich; sie bilden meist weiße, trübe, selten durchsichtige Kristalle, die rhombisch, quadratisch oder gar kubisch aussehen, aber monoklin (C_{2h}^2) sind und nur durch vielfach versteckte Zwillingsbildung jene einfachen Formen nachahmen. Auch deutliche Durchkreuzungszwillinge (Fig. 127) sind nicht selten; wegen dieser Form werden beide Mineralien auch Kreuzstein genannt. H. = 4½, D. = 2,2 (Phillipsit), 2,44—2,50 (Harmotom). Bildung beider Mineralien hydrothermal. Phillipsit namentlich in Hohlräumen von Basalten, gebildet aus zersetzten Feldspaten, z. B. am Stempel bei Marburg, Sasbach am Kaiserstuhl, Nidda am Vogelsberg, Klöch/Steiermark u. a. O.; auch im Schlamm der Tiefseesedimente des Stillen Ozeans. Harmotom in Melaphyrmandeln bei Oberstein, im Basalt von Weitendorf bei Wilden, Steiermark, vor allem aber früher reichlich auf Erzgängen von St. Andreasberg im Harz, Kongsberg in Norwegen usw.

Fig. 127

Analcim (griech. analkis = schwach), $Na[AlSi_2O_6] \cdot H_2O$, entspricht chemisch als Natriumverbindung dem Leucit, enthält aber zeolithisches Wasser. Kristallisiert kubisch-hex'oktaedrisch (O_h^{10}), a_0 = 13,71Å; meist in Ikositetraedern (211), oft in idealer Ausbildung; seltener Würfel mit Ikositetraeder. Durchsichtig und farblos oder fast undurchsichtig und weiß sowie blaß fleischrot. Glasglänzend. H. = 5½, D. = 2,2—2,3. In hydrothermaler Bildung in Blasenräumen von Basalten und verwandter Gesteine (z. B. schöne Kristalle auf den Cyklopeninseln bei Catania, rote Kristalle u. a. vom Fassatal); dann auf Erzgängen (St. Andreasberg im Harz), auf Magnetitlagern (Arendal und Gora Blagodat), doch auch eingewachsen als ursprünglicher magmatischer Gemengteil (Schmelzrest magmatischer Erstarrung) in verschiedenen Ergußgesteinen (z. B. im Teschenit von Teschen und Neutitschein) und in Sedimenten (authigen vor allem in Plattformsedimenten). Mit Analcim verwandt ist

Pollucit (nach dem mythologischen Halbgott Pollux, Pollucis), $(Cs,Na)[AlSi_2O_6] \cdot H_2O$, kubisch-hex'oktaedrisch, O_h^{10}, $a_0 = 13{,}74$ Å. Gewöhnlich derb, farblos. Kommt in großen Mengen als Caesiumerz in Pegmatiten der Tin-Mine, Black Hills, Süd-Dakota, vor; in körnigen Massen auch bei Varuträsk, Schweden.

Tabelle I

Optische Daten nichtmetallischer Mineralien (für Na-Licht)

Seite	Mineral (in alphabetischer Reihenfolge)	n nω nα	nε nβ	nγ	Opt. Char. (2 V)	Optische Orientierung
106	Amblygonit	~ 1,595	~ 1,607	~ 1,617	– ab ~ 60% (OH) +	
165	Analcim	1,487				
71	Anatas	2,562	2,499		–	
116	Andalusit	~ 1,632	~ 1,638	~ 1,643	– (83–85°)	AE (010), nα // c
98	Anglesit	1,877	1,882	1,894	+ (60–75°)	AE (010), nγ // a
98	Anhydrit	1,569	1,575	1,613	+ (42°)	AE (010), nγ // a
104	Apatit	~ 1,650	~ 1,647		–	
152	Apophyllit	~ 1,535	~ 1,536		±	oft anomal zweiachsig
89	Aragonit	1,530	1,682	1,686	– (18°)	AE (100), nα // c
94	Ascharit	1,575	1,649	1,651	– (~ 25°)	
109	Autunit	1,553	1,575	1,577	– (10–30°)	
128	Axinit	~ 1,679	~ 1,685	~ 1,689	– (64–80°)	AE ~(111), nα ~⊥(111)
128	Benitoit	1,757	1,804		+	
130	Beryll	1,57–1,60	1,56–1,59		–	
101	Bittersalz	1,433	1,455	1,461	– (51°)	AE (001), nα // b
94	Boracit, α-	1,671				
	β-	1,662	1,667	1,673	+ (83°)	nγ // Fasern
94	Borax	1,447	1,469	1,472	– (39°)	AE ⊥ (010), nα // b
71	Brookit	2,583	2,586	2,741	+ (16,5°)	AE (001)
75	Brucit	1,566	1,581		+	
155	Cancrinit	1,51–1,52	1,49–1,50		–	
110	Carnotit	~ 1,750	~ 1,925	~ 1,950	– (~ 40°)	AE (010), nα // c
90	Cerussit	1,804	2,076	2,078	– (8°)	AE (010), nα // c
143	Chamosit	~ 1,541	~ 1,646	~ 1,646	–(0°–sehr klein)	AE ⊥ (010)? nα ~⊥(001)
93	Chilesalpeter	1,585	1,337		–	

Seite	Mineral (in alphabetischer Reihenfolge)	n nω nα	nε nβ	nγ	Opt. Char. (2 V)	Optische Orientierung
150	Chlorite					
	Pennin	~ 1,560	1,58–1,60	~ 1,571	± (klein	AE (010), nγ ⊥ (001)
	Klinochlor	~ 1,57	1,57–1,59	~ 1,596	+ (0–90°)	nγ / ⊥ (001) 0–2½°
	Prochlorit	~ 1,59	1,60	1,65	+ (0–30°)	AE (010), nγ / ⊥ (001) 0–2°
57	Chrysoberyll	1,747	1,748	1,756	+ (45–71°)	AE (010), nγ // c
97	Cölestin	1,622	1,624	1,631	+ (51°)	AE (010), nγ // a
95	Colemanit	1,586	1,592	1,614	+ (55°)	AE ⊥ (010), nγ / c + 84°
181	Cordierit	1,538	1,543	1,545	– (40–80°)	AE (100), nα // c
161	Datolith	1,626	1,654	1,670	– (74°)	AE (010), nγ / c – 1 bis – 4°
21	Diamant	2,4172				
75	Diaspor	1,702	1,722	1,750	+ (84°)	AE (010), nγ // a
142	Dickit	1,560	1,562	1,566	+ (68–80°)	AE ⊥ (010), nα / ⊥ (001) 15-20°
132	Dioptas	1,65	1,70		+	
117	Disthen	1,718	1,722	1,729	– (82°)	AE ~⊥ (100), nα ~⊥ (100) auf (100), nγ' / c 27–32°, auf (010) nα' / a 0–2½°
85	Dolomit	1,680	1,501		–	
86	Eisenspat	1,873	1,633		–	
125	Epidot	1,734	1,763	1,780	– (68–73°)	AE (010), nα / c 0–5°
151	Euklas	1,652	1,655	1,671	+ (50°)	AE (010), nγ / c 42° 16′
155	Feldspäte					
	Orthoklas	1,519	1,524	1,526	(–69°)	AE ⊥ (010), auch // (010), auf (010) nα / a 5°
	Mikroklin	1,519	1,522	1,525	– (~ 80°)	AE ~⊥ (010), auf (010) nα / a 5°, auf (001) 15–20°
	Anorthoklas	1,523	1,529	1,530	– (32–62°)	AE ~⊥ (010), auf (010) nα / a 8–10°
	Plagioklase	1,528 bis 1,576	1,532 bis 1,583	1,538 1,589	+ –	AE ~⊥ c bis ~ // c
79	Flußspat	1,434				
99	Gips	1,520	1,522	1,529	+ (58°)	AE (010), nγ / c 52° 30′
101	Glaubersalz	1,394	1,396	1,398	– (80°)	AE ⊥ (010), nγ / 31° Li

Seite	Mineral (in alphabetischer Reihenfolge)	n nω nα	nε nβ	nγ	Opt. Char. (2 V)	Optische Orientierung
149	Glaukonit	~ 1,606	~ 1,633	~ 1,634	− (10−24°)	AE (010), nγ / a + 3°
147	Glimmer					
	Paragonit	~ 1,570	~ 1,596	~ 1,602	− (40−50°)	AE ⊥ (010) ?, nβ ~ // a
	Muskovit	~ 1,556	~ 1,587	~ 1,593	− (30−45°)	AE ⊥ (010), nα / c ½−2°
	Phlogopit	~ 1,535	~ 1,564	~ 1,566	− (0−35°)	AE // (010), nα / c 2−4°
	Lepidolith	1,54	1,552	1,56	− (40−45°)	AE ⊥ (010), nα / c 0−7°
	Zinnwaldit	1,55−1,57	1,57−1,60	1,58−1,61	− (0−35°)	AE (010), nα / c 0−2°
	Ottrelith	~ 1,72	1,72−1,74	~ 1,73	+ (36−60°)	AE (010), nγ / ⊥ (001) 3−30°
	Margarit	1,632	1,645	1,647	− (0−67°)	AE ⊥ (010), nα / ⊥ (001) 6—8°
119	Granate					
	Pyrop	~ 1,70				
	Almandin	~ 1,76−1,83				
	Spessartin	~ 1,80				
	Grossular	~ 1,74				
	Andradit	~ 1,89				
	Melanit	1,86−2,0				
48	Greenockit	2,506	2,529		+	
103	Grünbleierz	2,059	2,048		−	
144	Halloysit		1,541−1,552			
138	Hornblenden					
	monoklin:					
	Tremolit	1,60−1,62	1,61−1,63	1,62−1,64	− (75−88°)	AE (010), nγ / c 10−20°
	Aktinolith	1,63−1,66	1,64−1,67	1,65−1,68	− (75−88°)	AE (010), nγ / c 10−20°
	gem. Hornblende	1,61−1,68	1,62−1,71	1,63−1,75	− (60−88°)	AE (010), nγ / c 10−27°
	bas. Hornblende	1,66−1,68	1,68−1,71	1,68−1,72	− (50−90°)	AE (010), nγ / c 0−15°
	Arfvedsonit	~ 1,68	~ 1,68−1,70	~ 1,71	− (~ 90°)	AE (010), nα / c −10−18°
	Riebeckit	~ 1,65	~ 1,695	~ 1,697	∓ (80−90°)	AE (010), auch ⊥ (010), nα / c −1 bis 8°, z. T. bis −20°
	Glaukophan	~ 1,630	~ 1,646	~ 1,649	− (45−50°)	AE (010), nγ / c 4−8°
	Anthophyllit	1,60−1,64	1,61−1,66	1,62−1,67	∓ (~ 90°)	AE (010), nγ // c
74	Hydrargillit	~ 1,567	~ 1,567	1,589	+ (~ 0°)	AE (010), nγ / c ~ 25°
101	Kainit	1,495	1,506	1,520	− (85°)	AE (010), nα / c − 8°

Seite	Mineral (in alphabetischer Reihenfolge)	n nω nα	nε nβ	nγ	Opt. Char. (2 V)	Optische Orientierung
93	Kalisalpeter	1,335	1,505	1,506	−(7°)	AE (010), nα // c
81	Kalkspat	1,658	1,486		−	
141	Kaolinit	1,55−1,56	1,56−1,57	1,56−1,57	−(20−50°)	AE ⊥ (010), nα / ⊥ (001) 1−3½°
124	Kasolit	1,89	1,90	1,96	+(39−42°)	AE (010)
95	Kernit	1,454	1,472	1,488	−(80°)	AE ⊥ (010). nγ // b, nα / c 70°
125	Kieselzinkerz	1,614	1,617	1,636	+(46°)	AE (100), nγ // c
100	Kieserit	1,523	1,535	1,586	+(57°)	AE (010), nγ / c −14°
126	Klinozoisit	1,724	1,729	1,734	+(85°)	AE (010), nα/ c −2° bis −12°
34	Kobaltblüte	1,629	1,663	1,701	±(89°)	AE ⊥ (010), nγ / c 32°
51	Korund	1,769	1,761		−	
80	Kryolith	1,338	1,338	1,339	+(43°)	nα // b, nγ / c −44°
92	Kupferlasur	1,730	1,758	1,838	+(68°)	AE ⊥ (010), nγ / c −12½°
153	Leucit, β −	1,508	1,508	1,509	+	AE (100), nγ // a
85	Magnesit	1,700	1,509		−	
92	Malachit	1,655	1,875	1,909	−(43°)	AE (010), nα / c 23°, nα ∼⊥ (001)
73	Manganit	2,25	2,25	2,53	+(klein)	AE (010), nγ / c 0−4°
88	Manganspat	1,814	1,596		−	
124	Melilith	1,63−1,66	1,64−1,67		±	
106	Mimetesit	2,145	2,129		−	
107	Monazit	1,796	1,797	1,841	+(6−19°)	AE + (010), nγ / c 2−6°
145	Montmorillonit	∼ 1,485	∼ 1,510	∼ 1,510	−(∼ 7−25°)	AE (010), nα / a≈ 90°
142	Nakrit	1,557	1,562	1,563	−(40−90°)	AE ⊥ (010), nα/⊥ (010)10−12°
153	Nephelin	1,537	1,533		−	
34	Nickelblüte	1,622	1,658	1,687	−(84°)	AE ⊥ (010), nγ / c 35½°
145	Nontronit	∼ 1,600	∼ 1,632	∼ 1,640	−(∼ 25−68°)	AE (010), nα / a≈ 90°
114	Olivine					
	Forsterit	1,635	1,651	1,670	+(86°)	AE (001), nγ // a
	Olivin	↓	↓	↓	−(90°)	von FeO > 13% ab
	Fayalit	1,835	1,877	1,886	−(47°)	AE (001), nγ // a

Seite	Mineral (in alphabetischer Reihenfolge)	n nω nα	nε nβ	nγ	Opt. Char. (2 V)	Optische Orientierung
126	**Orthit**	~ 1,72	~ 1,74	~ 1,76	− (groß)	AE (010), nα / c 22−40°
58	**Perowskit**	2,38				
114	**Phenakit**	1,654	1,670		+	
166	**Pollucit**	1,525				
101	**Polyhalit**	1,547	1,562	1,567	− (60° ±)	
128	**Prehnit**	1,61−1,63	1,62−1,64	1,64−1,66	+ (66−69°)	AE (010), nα // a
147	**Pyrophyllit**	1,552	1,588	1,600	− (53−60°)	AE (010), nγ // c
132	**Pyroxene**					
	Enstatit	1,650	1,653	1,659	+ (~ 45°)	AE (100), nγ // c
	Bronzit	↓	↓	↓	− (90°)	von ~ 10% FeO ab
	Hypersthen	1,716	1,728	1,732	− (60°)	AE (100), nγ // c
	Diopsid (rein)	1,664	1,671	1,694	+ (~ 59°)	AE (010), nγ / c 39°
	Diallag	1,69−1,74	1,70−1,77	1,71−1,78	+ (55−85°)	AE (010), nγ / c 38−54°
	Augit gem. u. basalt.	1,69−1,74	1,70−1,77	1,71−1,78	+ (55−85°)	AE (010), nγ / c 44−54°
	Ägirinaugit	~ 1,74	~ 1,77	~ 1,78	− (~ 70°)	AE (010), nα / c 15−35°
	Ägirin	1,76−1,78	1,80−1,82	1,81−1,83	− (60−70°)	AE (010), nα / c ~5°
	Jadeit	~ 1,64	~ 1,65	~ 1,67	+ (70−72°)	AE (010), nγ / c 33−35°
	Spodumen	1,65−1,67	1,66−1,67	1,67−1,68	+ (54−68°)	AE (010), nγ / c 23−27°
59	**Quarzgruppe**					
	Quarz (< 575° C)	1,544	1,553		+	
	Chalcedon					// Faser ~1,532, ⊥ ~1,538
	β-Tridymit	1,469	1,469	1,473	+ (~ 35°)	AE (100), nγ // c
	β-Cristobalit	1,487	1,484		−	
	Opal	1,45−1,3				
135	**Rhodonit**	1,72−1,73	1,73−1,74	1,73−1,74	+ (~ 76°)	nβ / b ~20°, nγ' / c auf (100) ~ 35°
69	**Rutil**	2,616	2,903		+	
79	**Salmiak**	1,643				
95	**Sassolin**	1,340	1,456	1,459	− (5−7°)	AE ~ (010), nα ~ // c
102	**Scheelit**	1,918	1,934		+	

Seite	Mineral (in alphabetischer Reihenfolge)	n nω nα	nε nβ	nγ	Opt. Char. (2 V)	Optische Orientierung
20	Schwefel, α-	1,960	2,040	2,248	+ (69°)	AE (010), nγ // c
96	Schwerspat	1,636	1,637	1,648	+ (36°)	AE (010), nγ // a
143	Serpentine					
	Faserserpentin	1,51 – 1,54	~ 1,54	1,52 - 1,56	+ (30 – 35°)	AE (010), nγ // c
	Blätterserpentin	1,560	1,570	1,571	– (~ 60°)	AE (010), nα ⊥ (001)
118	Sillimanit	~ 1,66	1,66 – 1,67	~ 1,68	+ (25 – 30°)	AE (010), nγ // c
161	Skapolithe					
	Marialith	1,539	1,537		–	
	Mejonit	1,596	1,557		–	
124	Sklodowskit	1,613	1,635	1,657	–	AE (001), nα // a
92	Soda	1,405	1,425	1,440	– (groß)	nα // b, nγ / c ~ 41°
154	Sodalithgruppe					
	Sodalith	~ 1,483				
	Nosean	~ 1,495				
	Hauyn	~ 1,502				
	Lasurit	~ 1,50				
56	Spinell	1,72 – 2,0				
119	Staurolith	1,73 – 1,74	1,74 – 1,75	1,75 – 1,76	+ (79 – 88°)	AE (100), nγ // c
75	Steinsalz	1,544				
91	Strontianit	1,516	1,664	1,666	– (7 – 10°)	AE (010), nα // c
77	Sylvin	1,490				
146	Talk	~ 1,54	~ 1,58	~ 1,59	– (0 – 30°)	AE (100), nα ~⊥ (001)
151	Thuringit	~ 1,669	~ 1,682	~ 1,683	– (~ 30°)	AE (010), nγ / a 0 – 2°
123	Titanit	1,88 – 1,91	1,89 – 1,92	2,01 – 2,04	+ (23 – 34°)	AE (010), nγ / c 51°
118	Topas	1,60 – 1,62	1,61 – 1,63	1,62 – 1,64	+ (48 – 65°)	AE (010), nγ // c
109	Torbernit	1,582	1,592		–	
108	Türkis	~ 1,61	~ 1,62	~ 1,65	+ (40°)	Ausl. auf 1$\bar{1}$0 bis 12°
129	Turmalin	1,63 – 1,69	1,62 – 1,65		–	
110	Tyuyamunit	~ 1,72	~ 1,868	~ 1,953	– (~ 48°)	AE (010), nα // c
95	Ulexit	1,493	1,506	1,519	+ (~ 75°)	
110	Uranocircit	1,610	1,623	1,623	– (klein)	AE (010), nα // c

Seite	Mineral (in alphabetischer Reihenfolge)	n nω nα	nε nβ	nγ	Opt. Char. (2 V)	Optische Orientierung
124	Uranophan	1,643	1,666	1,669	−(32−45°)	
127	Vesuvian	1,71−1,74	1,70−1,73		−	z. T. anomal zweiachsig
108	Vivianit	1,58	1,60	1,63	+(80−90°)	AE ⊥(010), nγ / c 28½°
116	Willemit	1,691	1,719		+	
91	Witherit	1,529	1,676	1,677	−(16°)	AE (010), nα // c
136	Wollastonit	1,619	1,632	1,634	−(35−40°)	AE (010), nα / c 32°
102	Wulfenit	2,405	2,283		−	
161	Zeolithe					
	Chabasit	∼ 1,482	∼ 1,480		−	
	Desmin	1,49−1,50	∼ 1,50	1,50−1,51	−(33°)	AE (010), nα / a 5°
	Harmotom	1,503	1,505	1,508	+(43°)	AE ⊥(010), nγ / c 25−28°
	Heulandit	∼ 1,49	∼ 1,50	∼ 1,51	+(0−55°)	AE ⊥(010), nβ / c ∼ 6°
	Laumontit	∼ 1,51	∼ 1,52	∼ 1,52	−(∼ 54°)	AE (010), nγ / c 20−40°
	Natrolith	1,480	1,482	1,493	+(60−63°)	AE (010), nγ // c
	Mesolith	∼ 1,504	∼ 1,505	∼ 1,505	+(80°)	AE ⊥(010), nγ ∼ // a
	Skolezit	1,512	1,518	1,519	−(36−56°)	AE ⊥(010), nα / c 15−18°
	Phillipsit	∼ 1,48 − ?	1,48−1,57	∼ 1,53 − ?	+(60−80°)	AE ⊥(010), nγ / 10−30°
	Thomsonit	1,51−1,53	1,51−1,53	1,52−1,54	+(47−75°)	AE (001), nγ // b
46	Zinkblende	2,369				
87	Zinkspat	1,849	1,621		−	
48	Zinnober	2,913	3,272		+	
68	Zinnstein	1,997	2,093		+	
122	Zirkon	1,92−1,96	1,96−2,01		+	
126	Zoisit	1,702	1,703	1,706	+(30−60°)	AE (010), seit. (001), nγ // a

Tabelle II

Die wichtigsten mineralischen Rohstoffe der Elemente*)

Element	Mineral	Seite	Formel	Theor. Geh. in % (isomorph)
Ag	ged. Silber	13	Ag	100 Ag
	Silberglanz**)	40	Ag_2S	87
	Kerargyrit	78	$AgCl$	75
	Dyskrasit	42	Ag_3Sb	72
	Stephanit	45	Ag_5SbS_4	68
	Proustit	45	Ag_3AsS_3	65
	Pyrargyrit	45	Ag_3SbS_3	60
	Silberfahlerz	43		
	Ag-haltiger Bleiglanz, Kupferglanz u. a.			
Al	**Bauxit**	74	Gemenge	
	Diaspor	75	α-AlOOH	45 Al
	Boehmit	75	γ-AlOOH	45
	Hydrargillit	74	$Al(OH)_3$	35
	Kaolinit	141	$Al_4[(OH)_8 \mid Si_4O_{10}]$	21
	Kryolith	80	Na_3AlF_6	13
As	Löllingit	33	$FeAs_2$	73 As
	Arsenkies	32	$FeAsS$	46
Au	**ged. Gold**	11	Au	100 Au
	Goldtelluride	42		22–44
	Au-halt. Pyrit, Kupferkies, Arsenkies u. a.			
B	**Kernit**	95	$Na_2B_4O_7 \cdot 4H_2O$	16 B
	Borax	94	$Na_2B_4O_7 \cdot 10H_2O$	11
Ba	Witherit	91	$BaCO_3$	69
	Baryt	96	$BaSO_4$	58
Be	**Beryll**	130	$Be_3Al_2Si_6O_{18}$	5 Be
Bi	ged. Wismut	19	Bi	100 Bi
	Wismutglanz	40	Bi_2S_3	81
	Blei-Zinkerze			
C	Graphit	24	C	100 C

*) In alphabetischer Reihenfolge.
**) Fettdruck für besonders wichtige Mineralien.

Element	Mineral	Seite	Formel	Theor. Geh. in % (isomorph)
Ca	**Kalkspat**	81	$CaCO_3$	40 Ca
	Anhydrit	98	$CaSO_4$	29
	Gips	99	$CaSO_4 \cdot 2H_2O$	23
Cd	Cd-halt. Zinkblende	46	(Zn, Cd)S	(bis 3) Cd
Ce (Cer-Erden)	**Monazit**	107	(Ce usw.) PO_4	59 Ce
	Orthit	126	$CeCaAl[OH \mid (SiO_4)_3]$	5
Co	Linneit		$(Co, Ni)_3S_4$	(11–53) Co
	Kobaltglanz	35	CoAsS	35
	Speiskobalt	34	$CoAs_{2-3}$	28
Cr	**Chromit**	57	$FeCr_2O_4$	46 Cr
Cs	**Pollucit**	166	$(Cs,Na)[AlSi_2O_6]\ H_2O$	43 Cs
	Cs-halt. Lepidolith	149		(bis 0,6)
Cu	ged. Kupfer	14	Cu	100 Cu
	Kupferglanz	41	Cu_2S	80
	Kupferindig	49	CuS	66
	Kupferkies	35	$CuFeS_2$	35
	Buntkupferkies	36	Cu_5FeS_4	55–63
	Tetraedrit	43	$3Cu_2SbS_3 \cdot CuZn_2SbS_4$	25–45
	Arsenfahlerz	43	$3Cu_2AsS_3 \cdot CuZn_2AsS_4$	30–53
	Enargit	44	Cu_3AsS_4	48
	Bournonit	44	$PbCuSbS_3$	13
	Rotkupfererz } Nur Oxydationszone	50	Cu_2O	89
	Malachit	92	$Cu_2[(OH)_2 \mid CO_3]$	57
	Azurit	92	$Cu_3[(OH)_2 \mid CO_3]_2$	55
	Atakamit	81	$CuCl_2 \cdot 3CuO(OH)_2$	59
	Kupfervitriol	100	$CuSO_4 \cdot 5H_2O$	25
Fe	**Magnetit**	54	Fe_3O_4	72 Fe
	Eisenglanz	53	Fe_2O_3	70
	Brauneisenerz	73	$Fe_2O_3 \cdot nH_2O$	63
	Eisenspat	86	$FeCO_3$	48
	Titaneisen	54	$FeTiO_3$	37
	Chamosit	143	$(Fe, Fe''')_3[(OH)_2 \mid AlSi_3O_{10}]$ $(Fe, Mg)_3(O, OH)_6$	28–37
Ga	Ga-halt. Germanit	46	Cu_6FeGeS_8	(bis 0,8) Ga
	Zinkblende	46		(Sp.)
Ge	Germanit	42	Cu_6FeGeS_8	bis 8 Ge
Hg	**Zinnober**	48	HgS	86 Hg
	Hg-Fahlerz	43	$(Cu_2,Hg)_3Sb_2S_6$	(bis 17)
In	Zinkblende	46	ZnS	(Sp.)

Element	Mineral	Seite	Formel	Theor. Geh. in % (isomorph)
K	**Sylvin**	77	KCl	52 K
	Carnallit	78	$KCl \cdot MgCl_2 \cdot 6H_2O$	14
	Kainit	101	$KCl \cdot MgSO_4 \cdot 3H_2O$	16
	Leucit	153	$KAlSi_2O_6$	18
Li	**Amblygonit**	106	$LiAl[F \mid PO_4]$	5 Li
	Spodumen	134	$LiAlSi_2O_6$	4
	Lepidolith	149	$K(Li, Al_2)[F, OH, O)_2 \mid AlSi_3O_{10}]$	(bis 3,7)
	Zinnwaldit	149	$K(Fe'', Li)_3[F, OH)_2 \mid AlSi_3O_{10}]$	(bis 1,6)
Mg	**Magnesit**	85	$MgCO_3$	29 Mg
	Kieserit	100	$MgSO_4 \cdot H_2O$	17
	Dolomit	85	$(Ca, Mg)CO_3$	13
	Carnallit	78	$KCl \cdot MgCl_2 \cdot 6H_2O$	9
Mn	**Pyrolusit**, **Manganomelan**	71	MnO_2	63 Mn
	Manganit	73	$MnO(OH)$	62
	Hausmannit	57	Mn_3O_4	72
	Manganspat	88	$MnCO_3$	48
	Rhodonit	135	$MnSiO_3$	42
Mo	**Molybdänglanz**	41	MoS	60 Mo
	Wulfenit	102	$PbMoO_4$	26
Na	**Steinsalz**	75	NaCl	39 Na
Nb	Columbit		$(Fe, Mn)(Nb, Ta)_2O_6$	22 – 54 Nb
Ni	**Rotnickelkies**	28	NiAs	44 Ni
	Chloanthit	34	$NiAs_{3-2}$	28
	Rammelsbergit	34	$NiAs_2$	28
	Pentlandit	27	$(Fe, Ni)_9S_8$	(10 – 45)
	Garnierit	144	$(Ni, Mg)_6(OH)_8[Si_4O_{10}]$	(bis 30)
P	**Apatit**, Phosphorit	104, 105	$Ca_5[(F, Cl) \mid (PO_4)_3]$	28 P
Pb	**Bleiglanz**	37	PbS	86 Pb
	Bournonit	44	$PbCuSbS_3$	42
	Cerussit (Nur Ox.-Zone)	90	$PbCO_3$	77
	Anglesit (Nur Ox.-Zone)	98	$PbSO_4$	68
	Pyromorphit (Nur Ox.-Zone)	105	$Pb_5Cl(PO_4)_3$	76
Pt u. Pt-Met.: Ir, Os, Pd, Rh, Ru	ged. Platin	15	Pt	100 Pt
	Eisenplatin	15	(Pt, Fe)	75 – 85
	Sperrylith	32	$PtAs_2$	57
	Polyxen	15	(Pt, Fe, Ir, Os, Pd)	

Element	Mineral	Seite	Formel	Theor. Geh. in % (isomorph)
Ra	**Uranpecherz**	67	(U, Th)O_2	(Sp.)
	Carnotit	110	$K_2[UO_2 \mid VO_4] \cdot 3H_2O$	(Sp.)
Rb	Carnallit	78	$KCl \cdot MgCl_2 \cdot 6H_2O$	(0,01—0,04) Rb
	Lepidolith	149	$K(Li, Al)_3[(F, OH, O)_2 \mid AlSi_3O_{10}]$	(bis 3,5)
S	**ged. Schwefel**	20	S	100 S
	Pyrit	29	FeS_2	53
	Magnetkies	26	FeS	36
	Gips	99	$CaSO_4 \cdot 2H_2O$	23
Sb	**Antimonglanz**	39	Sb_2S_3	72 Sb
	Antimonocker	39	Sb_2O_4	bis 75
	ged. Antimon	19	Sb	100
Se	**Se-halt. Pyrit**	29	FeS_2	(Sp.) Se
	Se-halt. Zinkblende	46	(Zn, Fe)S	(Sp.)
Si	**Quarz**	59	SiO_2	47 Si
Sn	**Zinnstein**	68	SnO_2	78 Sn
	Zinnkies	37	Cu_2FeSnS_4	27
Sr	**Strontianit**	91	$SrCO_3$	59 Sr
	Coelestin	97	$SrSO_4$	48
Ta	Tantalit		$(Fe, Mn)(Ta, Nb)_2O_6$	43—66 Ta
Te	Calaverit	42	$AuTe_2$	56 Te
	Sylvanit	42	$AuAgTe_4$	62
	Nagyagit	42	$AuTe_2 \cdot 6Pb(S, Te)$	(18—30)'
Th	Thorit		$Th[SiO_4]$	72 Th
	Monazit	107	$Th[PO_4]$	(bis 24)
Ti	**Ilmenit**	54	$FeTiO_3$	31 Ti
	Rutil	69	TiO_2	60
Tl	Tl.-halt. Pyrit	29	FeS_2	(Sp.) Tl
	Tl.-halt. Zinkblende	46	(Zn, Fe)S	(Sp.)
	Pollucit	166	$(Cs, Na, Tl)[AlSi_2O_6] \cdot H_2O$	(Sp.)
U*)	**Uranpecherz**	67	(U, Th)O_2	60—85 U
	Carnotit	110	$K_2[UO_2 \mid VO_4] \cdot 3H_2O$	bis 55
V	**Descloizit**	107	$Pb(Zn, Cu)[OH \mid VO_4]$	bis 14 V
	Carnotit	110	$K_2[UO_2 \mid VO_4] \cdot 3H_2O$	bis 13

*) Vgl. auch Tab. III.

Element	Mineral	Seite	Formel	Theor. Geh. in % (isomorph)
W	**Wolframit**	103	$(Fe, Mn)WO_4$	60 W
	Scheelit	102	$CaWO_4$	63
Y (Y-Erden)	**Xenotim**	108	$Y[PO_4]$	49 Y
	Gadolinit		$Y_2FeBe_2[O \mid SiO_4]_2$	38
	Samarskit		$(Y, Er)_4[Nb, Ta)_2O_7]_3$	(20–28)
Zn	**Zinkblende**	46	$(Zn, Fe, Mn, Cd)S$	bis 67 Zn
	Franklinit	57	$(Zn, Mn'')(Fe''', Mn''')O_4$	7–25
	Willemit	116	$Zn_2[SiO_4]$	58
	Rotzinkerz	50	ZnO	80
	Zinkspat } Nur Ox.-Zone	87	$ZnCO_3$	52
	Kieselzinkerz } Nur Ox.-Zone	125	$Zn_4[(OH)_2 \mid Si_2O_7] \cdot H_2O$	54
Zr	**Zirkon**	122	$ZrSiO_4$	50 Zr

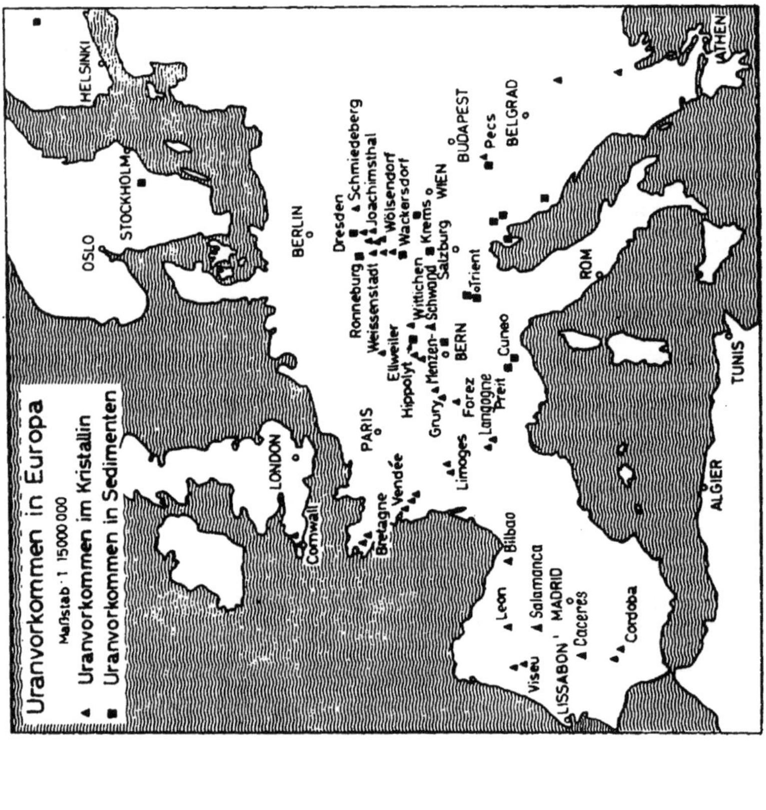

(nach *H. Ziehr*, Die Umschau 1960)

Tabelle III

Die wichtigsten Uranerze und -mineralien (mit Kartenskizze: „Uranvorkommen in Europa“)

Alle bekannten Uran- und uranhaltigen Mineralien enthalten Sauerstoff (Keine U-Sulfide oder U-Halogenide!). U ist in den Mineralien ausschließlich 4- oder 6-wertig. Ein großer Teil des U in diadocher Vertretung von Th, Zr und selt. Erden. Vorkommen in magmatischen (Graniten, Porphyren, Pegmatiten, hydrothermalen Gängen bzw. Erzgängen), sedimentären (Sandsteinen, Arkosen, Konglomeraten, Süßwasserkalken, Braunkohlen usw.) und metamorphen Gesteinen (Schiefern, Quarziten usw.). Häufig sekundär (in Verwitterungsprodukten). Paragenetisch mit Sulfiden, Quarz, Silikaten usw. beobachtet. Von den weit über 100 bekannt gewordenen radioaktiven Mineralien, die U und Th enthalten, seien angeführt:

Klasse	Mineral	Formel (Kristallsystem)	Spez. Gew.	Farbe	Seite
Oxide	**Uraninit** (Uranpecherz)	UO_2 (mit UO_3, Th, Pb) (kubisch u. kolloidal)	6,5—8,5	schwarz, bräunlichschwarz	67
	Thorianit	$(Th, U)O_2$ (kubisch)	8,8—9,7	schwarz, bräunlich	
	Uranpyrochlor	(Na, K, Ce, Y, U, Pb) $(Nb, Ti, Ta)_2 (O, OH)_7$ (kubisch)	4,3—4,5	braun, braunschwarz	
Hydro-oxide	Fourmarierit	$8[UO_2 \mid (OH)_2] \cdot 2Pb(OH)_2$ (rhombisch)	6,05	braun- bis gelbrot	
	Curit	$3PbO \cdot 8UO_3 \cdot 4H_2O$ (rhombisch)	7,23±	rotorange, gelb	

Klasse	Mineral	Formel (Kristallsystem)	Spez. Gew.	Farbe	Seite
Carbonat	Liebigit (Uranothallit)	$Ca_2[UO_2 \mid (CO_3)_3] \cdot 10H_2O$ (rhombisch)	2,1	gelbgrün (grün)	
Sulfate	Uranopilit (Uranocker)	$(UO_3)_5\ UO_2\ SO_4 \cdot 16H_2O$ (monoklin)	3,7—3,9	grünlichgelb, goldgelb	
	Zippeit (Uranblüte)	$UO_3[UO_2 \mid SO_4] \cdot 8H_2O$ (rhombisch)	2,5	gelb	
Phosphate	Torbernit	$Cu[UO_2 \mid PO_4]_2 \cdot 10H_2O$ (tetragonal)	3,4—3,6	smaragd- bis grasgrün	109
	Metatorbernit	$Cu[UO_2 \cdot PO_4]_2 \cdot 8H_2O$ (tetragonal)	3,5—3,7	grün bis dunkelgrün	
	Autunit	$Ca\ [UO_2 \mid PO_4]_2$ (tetragonal)	3 —3,2	grüngelb, schwefelgelb	109
	Uranocircit	$Ba\ [UO_2 \mid PO_4]_2 \cdot 8H_2O$ (tetragonal)	3,53	gelblichgrün	110
	Parsonsit	$Pb_2\ [UO_2 \mid (PO_4)_2] \cdot 2H_2O$ (monoklin)	5,73	braun bis dunkelbraun	110
Arsenate	Uranospinit	$Ca\ [UO_2 \mid AsO_4]_2 \cdot 10H_2O$ (tetragonal)	3,45	gelb, grüngelb	
	Metazeunerit	$Cu\ [UO_2 \mid AsO_4]_2 \cdot 8H_2O$ (tetragonal)	3,4—3,64	dunkelgrün	

Klasse	Mineral	Formel (Kristallsystem)	Spez. Gew.	Farbe	Seite
Vanadate	Carnotit	$K_2[UO_2 \mid VO_4]_2 \cdot 3H_2O$ (monoklin)	4,5	grüngelb, gelb	110
	Tujamunit	$Ca[UO_2 \mid VO_4]_2 \cdot 8H_2O$ (rhombisch)	3,7—4,3	grünlichgelb	110
Silikate	Uranothorit	$(Th, U)[SiO_4]$ (tetragonal)	6,7	dunkelrotbraun	
	Thorogummit	$(Th, U)[(Si, H_4)O_4]$ (tetragonal)	4,4—4,5	graugrün	
	Coffinit	$U[(Si, H_4)O_4]$ bzw. $U[SiO_4]$ (tetragonal)	max. 5,1	schwarz	66
	Uranophan (Uranotil)	$Ca(H_3O)_2[UO_2 \mid SiO_4]_2 \cdot 3H_2O$ (monoklin)	3,8—3,9	zitronengelb	124
	Kasolit	$Pb[UO_2 \mid SiO_4] \cdot H_2O$ (monoklin)	5,96	ocker- bis braunrotgelb	124

Zu den größten Uranproduzenten zählen Kanada, USA, Kongogebiet, Frankreich.

Tabelle IV

Die wichtigsten „Schmuck- und Edelsteine"

Seite	Mineral	Varietät	
		Farbe (Besonderheit)	Name
116	**Andalusit**	grün, grünlich (rötlich)	
		im Querschnitt schwarzes Kreuz	Chiastolith
104	Apatit	gelb, blau	
128	Axinit	nelkenbraun, violett	
92	Azurit	lasurblau	
128	Benitoit	saphirblau	
130	**Beryll**	blau, blaugrün	**Aquamarin**
		goldgelb	Goldberyll
		rosa	Rosaberyll
		grün	**Smaragd**
63	Chalcedon	s. unter Quarz	
57	Chrysoberyll	hellgelb bis grünbraun	
		grün (bei Lampenlicht rot)	**Alexandrit**
		grünlich oder bräunlich (m. Lichtlinie)	Chrysoberyllkatzenauge
131	Cordierit	blauviolett/grau	
117	Cyanit	blau, grünlich	
21	**Diamant**	farblos, auch in verschiedenen Farbtönen	
132	Dioptas	smaragdgrün	
161	Edelskapolith	gelb	
62	Edeltopas	s. unter Topas	
125	Epidot	dunkelgrün	
159	Feldspäte	grün	Amazonit
160		grau (mit Farbenspiel)	Labradorit
158		milchigweiß (m. bläulichem Lichtschein)	**Mondstein**
160		weißlichgrau (metallisch schillernd)	Sonnenstein
79	Flußspat	in verschiedenen Farben	
119	**Granate**	bläulichrot	**Almandin**
		grün	Dematoid
		gelblichgrün	Grossular
		orange-braun	Hessonit
		schwarz	Melanit
		blutrot	**Pyrop**
		smaragdgrün	Uwarowit
135	Jadeit	s. unter Pyroxene	
51	Korund	rot	**Rubin**
		blau (als Hauptfarbe), auch farblos, gelb, grün, rosa, violett	**Saphir**
		mit Asterismus	Stern-Rubin, Stern-Saphir
154	**Lapislazuli**	blau (undurchsichtig)	
92	**Malachit**	grün, gebändert (undurchs.)	

Seite	Mineral	Varietät	
		Farbe (Besonderheit)	Name
137	**Nephrit**	grün, weißl. (auch undurchs.)	
114	Olivin	grün	Peridot
66	**Opal**	orangerot	Feueropal
		Farbenspiel (auf hellem oder dunklem Hintergrund)	Edelopal
114	Peridot	s. unter Olivin	
114	Phenakit	farblos	
132	Pyroxene	bronzefarbig	Bronzit
		grün, bräunlich, weiß	**Jadeit**
134		violetter } Spodumen	Kunzit
		grüner } Spodumen	Hiddenit
		dunkelrot	Rhodonit
59	**Quarz**		
	Kristalle	violett	**Amethyst**
		farblos	Bergkristall
		gelb	Citrin
		fast schwarz	Morion
		rauchbraun	Rauchquarz
	körnig	milchigweiß	Milchquarz
	(derb)	lauchgrün	Prasem
		rosarot (trüb)	**Rosenquarz**
		bläulich	Saphirquarz
	faserig	blaugrau	Falkenauge
		grün, braun (m. Lichtlinie)	Quarzkatzenauge
		goldbraun	Tigerauge
	kryptokristallin	verschiedenfarbig, gebändert	**Achat**
63	(Chalcedon)	apfelgrün	Chrysopras
		rot	**Karneol**
		schwarz oder schwarz-weiß gebändert	**Onyx**
		braun, braunrot	Sarder
		rot-weiß gebändert	Sardonyx
64	(Jaspis)	grün mit roten Pünktchen	**Heliotrop**
		lauchgrün	Plasma
88	Rhodochrosit	rosenrot (auch gebändert)	
143	**Serpentin**	grün (gefleckt, gebändert)	
56	**Spinell**	vor allem rot, rosa	
		schwarz (undurchsichtig)	Pleonast
134	Spodumen	s. unter Pyroxene	
123	Titanit	gelb-braun, grün	
118	Topas	farblos, gelb, rosa	
108	**Türkis**	blau, blaugrün	
129	**Turmalin**	farblos	Achroit
		braun	Dravit
		tintenblau	Indigolith
		rot	Rubellit
		schwarz	Schörl
		grün	Verdelith
122	**Zirkon**	farblos, blau	
		gelbrot	Hyazinth

Tabelle V

Synthetische Schmucksteine

Chem. Zus.	Farbgebende Substanz	Farbe	Richtige Bezeichnung
Al_2O_3		farblos	farbloser (weißer) synth. Saphir
Al_2O_3	Cr_2O_3	hell- bis dunkelrot	synthetischer Rubin
Al_2O_3	$TiO_2+Fe_2O_3$	hell- bis dunkelblau	synthetischer Saphir
Al_2O_3	Ni+Fe	orange	orangefarbiger synth. Saphir
Al_2O_3	NiO	gelb	gelber synth. Saphir
Al_2O_3	Co_3O_4+V	grün	turmalinfarbiger synth. Saphir
Al_2O_3	$Cr_2O_3+TiO_2+Fe_2O_3$	blutrot	granatfarbiger synth. Saphir
Al_2O_3	V	grün (im Lampenlicht rot)	alexandritfarbiger synth. Korund
$MgO \cdot Al_2O_3$	—	farblos	farbloser synth. Spinell
$MgO \cdot Al_2O_3$	MnO	gelb	gelber synth. Spinell
$MgO \cdot Al_2O_3$	$MnO+Co_3O_4$	grün	smaragdfarbiger synth. Spinell
$MgO \cdot Al_2O_3$	Cr_2O_3	grün	turmalinfarbiger synth. Spinell
$MgO \cdot Al_2O_3$	Cr_2O_3+MnO	grün	beryllfarbiger synth. Spinell
$MgO \cdot Al_2O_3$	$Co_3O_4+Cr_2O_3$; aber auch durch Fe_2O_3	blau	aquamarinfarbiger synth. Spinell
$MgO \cdot Al_2O_3$	$Co_3O_4+Cr_2O_3+TiO_2$	blau	zirkonfarbiger synth. Spinell
$MgO \cdot Al_2O_3$	Cr_2O_3+V	grün (im Lampenlicht rot)	alexandritfarbiger synth. Spinell
$3BeO \cdot Al_2O_3 \cdot 6SiO_2$	$Cr_2O_3(+Fe_2O_3)$	smaragdgrün	synthetischer Smaragd
TiO_2	—	fast farblos, gelblich	synth. Rutil bzw. Titania nightstone
TiO_2	—	blau	Titania, synth. Rutil
$SrTiO_3$*)	—	farblos	synth. Strontiumtitanat bzw. Fabulit

Erwähnenswert sind auch synthetische Sternkorunde (synth. Stern-Rubin und synth. Stern-Saphir).
Der „lapislazulifarbige synth. Spinell" ist ein polykristallines Aggregat eines blauen Spinells (äußerlich einem natürl. Lapislazuli von guter Qualität ähnlich).

*) kubisch, $n_D = 2{,}409$, Dispersion 0,20—0,22 (5mal so groß als die von Diamant!).

Tabelle VI

Die wichtigsten silikatischen Tonmineralien

Struktur			Mineral	Chemische Zusammensetzung	Seite
Zweischichtmineralien	dioktaedrisch		**Kaolinit**	$Al_4[(OH)_8 \mid Si_4O_{10}]$ Z = 1	141
			Nakrit	$Al_4[(OH)_8 \mid Si_4O_{10}]$ Z = 4	142
			Dickit	$Al_4[(OH)_8 \mid Si_4O_{10}]$ Z = 2	142
			Halloysit	$Al_4[(OH)_8 \mid Si_4O_{10}] (H_2O)_4$	144
			Chamosit (Di-Chlorite)	$\{(Fe, Fe^{3+})_3 [(OH)_2 \mid AlSi_3O_{10}]$ $(Fe, Mg)_3(O, OH)_6$	143
	trioktaedrisch		**Chlorite** (Tri-Chlorite)	Mg-Fe-Al-Sil. mit H_2O	150
			Antigorit, Chrysotil	$Mg_6[(OH)_8 \mid Si_4O_{10}]$	144
Dreischichtmineralien	dioktaedrisch		Hydromuskovit	$(K, H_2O)Al_2[(H_2O, OH)_2AlSi_3O_{10}]$	
			Glaukonit	$\{(K, Ca, Na)_{<1} (Al, Fe^{3+}, Fe^{2+}, Mg)_2 \cdot [(OH)_2 Al_{0,35}Si_{3,65}O_{10}]$	149
			Di-Illite	(Sammelbegriff für glimmerartige Tonmineralien)	150
		Montmorine	**Montmorillonit**	$(Al_{3,34}Mg_{0,66}) [(OH)_4Si_8O_{20}]$	145
			Nontronit	$Fe_4^{3+} (OH)_4(Si_{7,34}Al_{0,66}O_{20})$	145
	trioktaedrisch		Saponit	$Mg_6(OH)_4(Si_{7,34}Al_{0,66}O_{20})$	145
			Hydrobiotit	$(K, H_2O) (Mg, Fe^{2+}, Mn)_3 [(OH, H_2O)_2 \mid AlSi_3O_{10}]$	
			Vermiculit	$\{Mg_{2,36}Fe^{3+}_{0,48} Al_{0,16} [(OH)_2 \mid Al_{1,28} Si_{2,72}O_{10}]^{0,64}Mg_{0,32}(H_2O)_4$	145
			Tri-Illite	(s. Di-Illite)	150
			Allophane	Al-Silikate mit Al:Si = 1:1 (röntgenamorph)	

Z = Anzahl der chemischen Formeleinheiten je Elementarzelle

Register

Bei Fragen zur Produktsicherheit wenden Sie sich bitte an:
If you have any questions regarding product safety,
please contact:

Walter de Gruyter GmbH
Genthiner Straße 13
10785 Berlin
productsafety@degruyterbrill.com